Pedigree

HAMBURG
auf vier Pfoten

**Tipps und Adressen
für das Leben mit Hund in der Stadt**

COMPANIONS

DAS SIND UNSERE AUTOREN:

Die Tierärztin Thekla Vennebusch (31) schrieb schon für viele Publikationen rund ums Tier. Sie arbeitete unter anderem als Redakteurin der Zeitschriften »Ein Herz für Tiere« und »Partner Hund« und verfasste Fachbücher über Katzen und diverse Hunderassen. Hündin Klara (5), ein Boxer-Mischling, kam aus dem Tierheim zu ihr. Beide zogen vor kurzem von Hamburg nach Osnabrück.

Seit 29 Jahren lebt Jule Lübcke mit Hunden in Hamburg. Die freie Autorin mag lange Spaziergänge an Elbe und Nordsee, liest gern und hat ein Faible für Italien. Mischlingsdame Knäcke (10) lernte sie in einem Hamburger Park kennen. Für dieses Buch waren die zwei in ihrer Stadt natürlich viel unterwegs und entdeckten zu ihrer beider Freude noch eine Menge Neues.

LIEBER HUNDEFREUND!

Sie leben in Hamburg und haben einen Hund oder tragen sich mit dem Gedanken, einen anzuschaffen? Glückwunsch! Denn das Zusammenleben mit einem Hund ist eine tolle Sache. Auch in der Stadt. Vielleicht sogar gerade da. Denn der Hund bringt Leben in den Alltag. Er verbindet, schafft Kontakte, hält aktiv und lockt uns an die frische Luft – bei Wind und Wetter.

Im Gegenzug hat die Stadt auch für den Vierbeiner einiges zu bieten. Wo es in Hamburg tierisch hergeht und wie sich das Leben mit Hund in Hamburg höchst angenehm gestalten lässt, zeigt dieses Buch: Hundetreffs in Parkanlagen, Sport und Spiel im Verein, Züchter, Hundesitter und Pflegesalons, »Gassigeh-Agenturen«, Tierpensionen und Hundeschulen, tierärztliche Beratung ... Mit diesen und vielen weiteren wertvollen Informationen, Anregungen, Tipps und Adressen richtet sich »Hamburg auf vier Pfoten« an alle Hundehalter dieser Stadt – und solche, die es werden wollen. Denn mit dem richtigen Know-how macht das Leben mit Hund in Hamburg (noch mehr) Lust und Laune.

Pedigree wünscht allen Zwei- und Vierbeinern viel Spaß mit diesem Buch!

EIN HUND IN DER STADT – PARADIESISCH ODER PARADOX?

Stadt oder Land? Wer kennt sie nicht, die müßigen Diskussionen über das Für und Wider dieser Lebensräume? Dabei haben beide ihre Vor- und Nachteile, sowohl für Zwei- als auch für Vierbeiner. Zweifellos bietet das Landleben Hund und Mensch einige Vorzüge, das Leben in der Stadt aber auch!

Ein Blick in den Stadtpark ist Beweis genug, dass sich bei artgerechter Tierhaltung auch Großstadthunde im wahrsten Sinn des Wortes »pudelwohl« fühlen: Fröhlich toben und tollen da die Vierbeiner über die Hundewiese. Große und kleine, junge und alte, schicke und »normale«, alles was vier Beine hat und bellen

DAS KOMMT SELBSTVERSTÄNDLICH IN DIE TÜTE

Fragt man Passanten, was sie von Hunden in der Stadt halten, erhält man meist folgende Antwort: »Hunde finde ich Klasse, nur das mit der Hunde..., das stinkt mir!« Und Recht haben sie. Denn es ist nicht schwer, einem Hund beizubringen, dass nur Gebüsch und Wald als Toilette dienen, Bürgersteige und Wiesen aber tabu sind. Sollte doch einmal ein Missgeschick passieren, ist dies kein Problem. Denn es macht kaum Mühe, als Hundehalter immer einige Plastiktütchen dabeizuhaben, um die Hinterlassenschaften seines Vierbeiners kurzerhand entsorgen zu können. Mehr Informationen zu diesem Thema finden Sie im Faltblatt »Gassi gehen – kein Problem«, das beim Deutschen Tierschutzbund e.V., Baumschulallee 15, 53115 Bonn, Tel. 0228-604 96-0, Internet: www.tierschutzbund.de, gratis bezogen werden kann.

LEBENSFREUDE PUR: KLEINES ENERGIEBÜNDEL IM PARK

kann. Lebensfreude pur. Ein soziales Miteinander, das Hunde auf dem Lande oft vermissen. Aber auch mit seinem Menschen gemeinsam einen Trimm-dich-Pfad zu meistern, im Verein Agility zu lernen oder im Park Frisbee zu spielen, sind Vergnügen, die das Herz eines jeden Hundes höher schlagen lassen.

Enge Bande zwischen Hund & Mensch

Hunde sind Rudeltiere. Sie brauchen den Kontakt zu Artgenossen. Vor allem aber lieben und brauchen Hunde ihren Menschen. Nichts bedeutet einem Hund so viel wie diese Bindung. Sein Mensch, der die Stelle des Rudelführers einnimmt, bietet ihm Geborgenheit, Sicherheit und Schutz. Ob sich einst der Hund dem Menschen angeschlossen hat oder ob der Mensch von sich aus auf den Hund bzw. den Wolf gekommen ist, lässt sich nicht mehr feststellen. Auf jeden Fall jedoch hat dieses Miteinander, das sich über Jahrtausende entwickelte, bis heute Bestand. Immer noch lebt der Hund an der Seite des Menschen – auch in der Stadt. Wurde ein Hund früher in erster Linie als Arbeitstier gehalten, hat der Stadthund heutzutage eine andere Funktion zu erfüllen: Er ist zuverlässiger Begleiter und treuer Freund seines Menschen und schenkt ihm Schwung, Geborgenheit und Lebensfreude.

Wie viel Hunde ihren Besitzern geben, zeigen zahlreiche wissenschaftliche Studien: Demnach gehen Menschen an der Seite eines Hundes zufriedener durchs Leben und sind gesünder und freundlicher. Ihre Lebensqualität steigt! Außerdem wirken Hundehalter auf andere Menschen sympathischer, werden offener angesprochen und knüpfen häufiger neue Kontakte. Im Rahmen einer Studie unter Leitung von Professor Reinhold Bergler, Psychologisches Institut der Universität Bonn, gaben 80 Prozent aller Hundefreunde an, mit ihrem Leben zufrieden zu sein. Bei den Menschen ohne Hund waren es lediglich 55 Prozent.

»Vollkommen gesund« fühlten sich aufseiten der Hundehalter 30 Prozent, aufseiten der Nicht-Hundehalter dagegen nur 14 Prozent.

Keine Frage, für das Leben mit dem Vierbeiner lohnt es sich, den alltäglichen Tagesablauf und Urlaubsreisen ein wenig zu planen und zu organisieren. Gewusst wie und wo, findet sich immer ein Weg, auf dem Hund und Mensch gemeinsam und zufrieden durch das (Stadt-)Leben gehen können.

SICHERHEIT & SYMPATHIE

Einen Hund in der Stadt gut erzogen und stets unter Aufsicht zu halten, ist in zweierlei Hinsicht von Bedeutung. Zum einen bietet diese Umsicht Sicherheit und Schutz im Straßenverkehr. Für den Hund, für den Halter und vor allem für die übrigen Verkehrsteilnehmer. Zum anderen wird so aber auch Rücksicht geübt. Auf Menschen, die mit Hunden nicht vertraut sind, manchmal sogar ein wenig Angst vor ihnen haben. Denn nicht nur gebrechliche Menschen und Eltern mit kleinen Kindern fühlen sich wohler, wenn ein fremder Hund unter Kontrolle ist, ganz gleich, wie lieb und gut erzogen er auch ist. Und sie danken es dem Halter und seinem Hund – mit Verständnis, Toleranz und Wohlwollen.

HUNDE IN HAMBURG

Hundepopulation

Knapp 36.000 Hunde sind in Hamburg registriert. Auf jeden fünfzigsten Einwohner kommt demnach ein solcher Vierbeiner. Hamburg und seine Bewohner tun einiges, damit es den Hunden in der Stadt richtig gut geht. Kein Wunder, denn die Hansestadt ist – trotz allerlei Neuem in Sachen Hundeverordnung – ausgesprochen hundefreundlich und bietet viele Ausflugsziele. So wächst die Zahl der offiziellen Hundetummelplätze, Hundeauslaufgebiete, Badestellen und Hundekotsammelbehälter stetig. Ob die entzückende Promenadenmischung an der strassbesetzten Hundeleine im Rotlichtmilieu oder die erfolgreichen vierbeinigen Drogenfahnder im Hafen – Hamburg braucht und liebt seine Hunde!

Berühmte Hundehalter

Auch viele Prominente sind in der Hansestadt auf den Hund gekommen: allen voran Bürgermeister Runde mit Nico. Comedy-Star Esther Schweins und ihre Bordeauxdogge Bolle erholen sich vom Drehstress am liebsten am Elbstrand. Produzent und Sänger Dieter Bohlen durchstreift mit seinem Dobermann den Hittfelder Forst, während Naddel mittlerweile mit Hund um die Alster flaniert. Hier dreht auch Klaus-Jürgen Wussow gerne nach Drehschluss eine Runde mit seiner Boxerhündin Chica. Schauspieler Andreas Brucker führt seinen Mischling am liebsten am Eilbek-Kanal spazieren. PR-Lady Alexandra von Rehlingen ist regelmäßig mit ihrer Soft-Coated-Wheaten-Terrier-Dame Fritzi unterwegs. Ab und zu lässt auch Vicky Leandros ihre Labradordame Hamburger Stadtluft schnuppern. Vielleicht trifft sie ja auf die Jack-Russel-Hündin Irma, die mit Frauchen Enie van de Meijklokjes auf Shoppingtour ist. In der Welt des Sports sind Vierbeiner ebenfalls beliebt: Polo-Familie Kirsch trifft man nur selten ohne einen ihrer Labradore an. Und Hamburger Fußballer sind beim Konditionstraining oft mit Hund unterwegs, z.B. die Paulianer Holger Stanislawski und Marcel Rath.

FREI & ZEIT – GEMEINSAM AKTIV UND UNTERWEGS

Was für Fußballmuffel 22 Menschen mit einem Ball auf einer Wiese mit zwei Toren sind, sind für manch einen Spaziergänger Hund und Herr beim Stöckchen-Spiel: einfach nur verrückt. Dabei ist das Stöckchen-Spiel Kult! Und ganz unkompliziert: Eine Wiese, ein Stück Holz und ab geht der Spaß!

Spielen und Toben sind dabei nicht nur ein reines Vergnügen, sondern für den Hund eine Möglichkeit, seinen Jagdtrieb auszuleben. Denn der schlummert – mehr oder weniger ausgeprägt – auch heute noch in jedem Vierbeiner. Hat ein Hund zu wenig Gelegenheit, seine Instinkte kontrolliert auszuleben, werden Fahrradfahrer, Jogger oder spielende Kinder schnell zur »Ersatzbeute«. Und das ist einem friedlichen Zusammenleben von Hund und Mensch in der Stadt nicht gerade förderlich ...

GLÜCK AUF SECHS BEINEN: ENDLICH RAUS INS GRÜNE!

SPIELER-NATUR

Anders als bei Wölfen bleibt der Spieltrieb bei Hunden ein Leben lang erhalten. Welpen und Junghunde spielen zwar deutlich mehr und ausgelassener als erwachsene Hunde, aber auch diesen ist das Spiel noch ein Bedürfnis. Wenn auch von Rasse zu Rasse unterschiedlich ausgeprägt. Grundsätzlich gehören Hunde zu den Tierarten, die am meisten spielen. Diesen Trieb zu befriedigen ist Voraussetzung für eine artgerechte Hundehaltung, aber auch wesentlich für die Entwicklung und das Verhalten eines Hundes. Im Spiel mit Artgenossen, aber auch im Spiel mit seinem Menschen lernt ein Hund wichtige Regeln für das soziale Miteinander.

Freizeitspaß für zwei

Gemeinsam aktiv sein und schöne Dinge unternehmen, festigt auch die sozialen Bande zwischen Hund und Mensch. Das »Wie, Wo, Was« der Unternehmungen ist dabei zweitrangig. Allein die Bedürfnisse und Vorlieben von Hund und Herrchen entscheiden über das Freizeitprogramm. Manche Hunderassen brauchen permanent Aktion, gezielte Beschäftigung und enorm viel Auslauf. Andere sind genügsamer und trotten lieber gemütlich schnüffelnd durch den Park. In vielerlei Hinsicht bietet das Stadtleben hier deutliche Vorteile. Das Freizeitangebot und die Chancen, Kontakt zu anderen Hunden und ihren Haltern zu bekommen, sind in und nahe der Stadt um vieles größer als auf dem Land. Bei all dem Spaß darf aber eins nicht untergehen: Rücksicht auf Mitmenschen und Natur. Lautstarkes Frisbee-Spiel im Innenhof zur Mittagszeit ist ebenso tabu wie ein Spaziergang ohne Leine im Naturschutzgebiet. Kurz: Ein harmonisches Miteinander in der Stadt ist nur dann möglich, wenn sich auch Hundehalter an die Spielregeln halten.

Spaziergänge

Egal, ob auf der allmorgendlichen Runde durch den Park oder auf einer mehrstündigen Wanderung – für den Vierbeiner sollte es stets etwas Neues zu entdecken geben. Denn um sich wohl zu fühlen, braucht ein Hund nicht nur ausreichend Bewegung, sondern auch die Gelegenheit, neue Eindrücke zu sammeln, fremde Gerüche und

Geräusche wahrzunehmen und vor allem den Kontakt zu Artgenossen zu pflegen. Damit es immer etwas Spannendes zu erleben und zu erschnüffeln gibt, empfiehlt es sich, nicht die ewig gleiche Runde zu drehen, sondern die Spaziergänge zu variieren. Und das ist ganz einfach: Kurz schlau gemacht, wo Hunde freien Lauf haben oder nur streckenweise angeleint werden müssen, und schon kann es losgehen. Wer gern Artgenossen – tierische wie menschliche – treffen möchte, sucht sich einfach ein Ziel mit »Hunde-und-Halter-Treff-Garantie«. Meist dauert es nicht lange, bis vier- und zweibeinige Pendants gefunden sind, mit denen man sich gut versteht und bald schon gezielt zum gemeinsamen Spaziergang verabredet. An manchen Tagen lässt sich ein Spaziergang dann auch zu einer Wanderung oder einem Ausflug ausdehnen. Das Angebot ist groß, die Möglichkeiten zahlreich. Vorab sollte man sich auch hier informieren, wo Hunde erlaubt sind und frei laufen dürfen oder angeleint geführt werden müssen. Auch im Restaurant oder Hotel, in dem man zu Mittag essen oder aber am Abend übernachten möchte, sollte vorher kurz sichergestellt werden, dass Hunde erwünscht sind.

Sport & Spiel

Hier gibt es zwei Möglichkeiten: Entweder werden Sport und Spiel in den obligatorischen Spaziergang eingebaut oder aber die Aktivitäten werden gezielt, in einer Gruppe, in einem Hundeklub oder einer Hundeschule in Angriff genommen. Letzterem widmet sich das Kapitel »Erziehung &

FAIRPLAY

Selbstverständlich dürfen andere Menschen nicht unter dem Vergnügen von Hund und Herrchen leiden. Ungestüm spielende Hunde haben für Menschen, die mit Tieren nicht vertraut sind, manchmal etwas Bedrohliches. Sie können die Kraft des fremden Hundes nicht einschätzen. Aber auch unerschrockene Spaziergänger fühlen sich – zu Recht – gestört und belästigt, wenn ihnen zuerst ein dreckiger Ball und dann noch ein tobender Hund entgegenkommen.

DER KLASSIKER SCHLECHTHIN: »HOL DAS STÖCKCHEN!«

Sport «; auf den folgenden Seiten finden Hundehalter zunächst ein paar Anregungen und Tipps für alltägliche Aktivitäten mit dem Hund. Hunde lieben jede Art von »Werf-Lauf-Hol-Bring-Spielen«. Denn in freier Natur gehört das Apportieren zum Beutefang. Es zählt somit zum natürlichen Verhaltensrepertoire des Hundes. Hetzen, Laufen, Suchen – also der komplette Beutetrieb wird beim Apportieren (kontrolliert) ausgelebt. Ein Vergnügen, das man seinem Hund problemlos bieten kann – in nahezu jeder beliebigen Variante. Nicht nur Ball und Stöckchen, sondern auch viele andere Gegenstände eignen sich hierzu. So etwa die moderne Alternative zum Tennisball, die hundegerechte Frisbee-Scheibe. Das bedeutet Werf- und Fang-Akrobatik für Fortgeschrittene, denn der Umgang mit einer Frisbee-Scheibe ist gar nicht so einfach – dafür umso spannender. Im Zoofachhandel gibt es noch andere originelle Spielzeuge, die unermüdlich geworfen, geholt und gebracht werden können. Wichtig ist nur, dass diese bestimmte Sicherheitskriterien erfüllen. So sollte ein Spielzeug immer so groß sein, dass der Hund es im Eifer des Gefechts nicht verschlucken kann. Und aus festem Material muss es sein, damit es nicht in »maulgerechte Häppchen« zerbissen wird. Ablösbare Teile, scharfe Kanten, Metall und andere harte Materialien, die splittern und die Zähne verletzen könnten, verbieten sich von selbst. Auch beim Klassiker, dem Stöckchen, ist darauf zu achten, dass es stabil und relativ glatt ist, sonst kann es zu bösen Verletzungen kommen. Vorsicht: Manche Hunde haben die Angewohnheit, mit Steinen zu spielen. Das Gebiss der Tiere leidet darunter sehr. Spielen mit Steinen sollte daher konsequent unterbunden werden!

DIE MEISTEN VIERBEINER LIEBEN WASSER

WIE VIEL AUSLAUF BRAUCHT EIN HUND?

Ein Hund muss mehrmals täglich ausgeführt werden, damit er in Ruhe sein Geschäft erledigen kann. Daneben braucht er Auslauf. Je nach Größe, Alter und Temperament unterschiedlich viel. Als Faustregel gilt: Ein Hund mit durchschnittlichem Bewegungsdrang sollte mindestens dreimal täglich eine halbe Stunde Auslauf haben. Ergänzend kann im Garten oder der Wohnung gespielt und getollt werden. Dies ist jedoch kein Ersatz für regelmäßige Spaziergänge. Denn um körperlich und geistig fit zu bleiben, braucht der Hund eine erweiterte Erlebniswelt außerhalb von Haus und Garten.

Viele Hunde sind nicht nur passionierte »Spieler«, sondern auch begeisterte »Wasserratten«. Weil Schwimmen ein prima Training für Muskulatur und Bewegungsablauf ist, sollte man seinem Vierbeiner sooft wie möglich einen Abstecher ins nächste Gewässer gönnen, vorausgesetzt, das Baden ist Hunden dort gestattet. Auch ein Bad bei niedrigen Temperaturen (bis 10°C) schadet Hunden nicht. Vorausgesetzt, sie haben danach Gelegenheit, sich wieder warm und trocken zu laufen. Im Hochsommer sollte Herrchen unbedingt einen prüfenden Blick aufs Wasser werfen, bevor er ein erfrischendes Bad erlaubt. Gerade in kleineren, stehenden Gewässern wimmelt es bei großer Hitze von Krankheitserregern und Parasiten. Im Zweifelsfall kann man sich bei der zuständigen Gemeinde nach der Wasserqualität erkundigen; auch das Lokalradio informiert, ob in den umliegenden Gewässern das Baden bedenkenlos möglich ist. Ein Badeverbot gilt auch an Steilufern und bei starken Strömungen, sonst kann es passieren, dass der Hund das Ufer nicht mehr aus eigener Kraft erreicht.

Radfahren, Kickboarden, Skaten & Co

Die meisten Hunde lieben es, neben Fahrrad, Roller oder Kickboard herzulaufen. Auch beim Inlineskaten begleiten sie ihren Menschen gern. Es gibt allerdings – schon allein aufgrund der körperlichen Konstitution – laufmuffelige Rassen wie den Mops und den Basset, aber selbst unter den kleinen Hunden finden sich durchaus bewegungsfreudige Vertreter, wie zum Beispiel der hochbeinige Jack Russel Terrier. Grundsätzlich sollte das Laufen neben Fahrrad & Co – zunächst mit und später ohne Leine – erst einmal geübt werden. Wie ein Hund ein (verkehrs-)sicherer Begleiter neben dem Fahrrad, beim Rollern und Inlineskaten wird, ist im Kapitel »Mobil mit dem Hund« ausführlich erläutert. Viel Spaß macht es übrigens auch, mit dem Hund gemeinsam zu joggen. Beim Joggen lassen sich nebenbei hervorragend kleine Übungen einbauen, wie zum Beispiel ein kurzes Versteck-und-Such-Spiel oder ein Slalomlauf um eine Baumreihe. Eine ganz

WICHTIGE SPIELREGELN

- Der Mensch entscheidet, wann, wo, was und wie lange gespielt wird. Denn auch in der Natur ist es allein der Rudelführer, der dies bestimmt. Es kann nicht genug gespielt und getobt werden – jedoch ausschließlich auf Initiative des Hundehalters.
- Rudelführer Mensch geht immer als Sieger aus einem Spiel. Das Stöckchen oder Spielzeug ist immer in seiner Hand, wenn das Spiel durch ihn beendet wird.
- Ein Spiel endet immer mit einem positiven Erlebnis. Zum Beispiel also erst dann, wenn der Ball gefunden und apportiert wurde.
- Vorsicht – den Hund nicht überfordern! Im Eifer des Gefechts bemerken Hunde oft nicht, wenn sie an ihre körperliche Leistungsgrenze kommen. Daher ab und zu Ruhepausen einlegen und bei längeren Touren einen Wasservorrat inklusive Trinknapf mitnehmen.
- Direkt nach der Fütterung, an heißen Sommertagen und in der Mittagshitze ist Auszeit – zu viel Bewegung ist hier gesundheitsschädlich, in extremen Fällen sogar gefährlich.

besondere Herausforderung für Hund und Herrchen ist der Trimm-dich-Pfad. An den Stationen sollte man allerdings auf jeden Fall Rücksicht auf andere – vor allem hundelose – Sportsfreunde nehmen. Also: am besten eine Extra-Runde drehen und warten, bis die »Vor-Turner« ihre Übung beendet haben.

Gesellige Treffen unter Hundefreunden

Vorbei sind die Zeiten, in denen der Hundeverein synonym für die Ausbildung von Arbeitshunden stand. Obwohl es sie auch noch heute gibt, die Möglichkeit, seinen Hund unter professioneller Aufsicht auszubilden (siehe Seite 31). Ergänzend oder alternativ bieten Hundeschulen, Vereine und Klubs zahlreiche Möglichkeiten, etwas mit anderen Hundefreunden zu unternehmen. Neben gemeinsamen Spaziergängen werden zum Beispiel auch Schnitzeljagden, spaßige Wettbewerbe à la »Spiel ohne Grenzen« oder Sommerfeste organisiert.

Viele Klubs und Vereine bieten übrigens so genannte Welpenspielgruppen an. Hier toben und tollen die jungen Hunde, derweil Frauchen und Herrchen Erfahrungen austauschen. Außerdem werden unter fachlicher Anleitung bereits wichtige erzieherische Grundlagen vermittelt. Diese Angebote wahrzunehmen, ist mehr als sinnvoll, denn besonders in der Stadt ist darauf zu achten, dass die Tiere richtig sozialisiert werden, also den Umgang mit ihren Artgenossen und das Einmaleins der Erziehung von Welpenbeinen an lernen.

Ein nettes Trüppchen für einen geselligen Hunde-Treff findet sich aber sicher auch über eine Annonce in der lokalen Zeitung oder am schwarzen Brett beim Tierarzt.

GEMEINSAM UNTERWEGS

Ausstellungen

Interessant, spannend und lustig kann es außerdem sein, Veranstaltungen wie Rasse-Ausstellungen oder Mischlings-Shows zu besuchen. Dabei hat man als Hundehalter die Möglichkeit, entweder mit dem eigenen Vierbeiner in den Ring zu treten und auf eine Platzierung zu hoffen, oder aber das Geschehen als Zuschauer zu verfolgen. Die Angebote sind vielfältig. Da gibt es die klassischen Ausstellungen, organisiert von den offiziellen Zucht-Vereinen und -Verbänden, auf denen Rassehunde mit Stammbaum und Papieren von professionellen Richtern beurteilt werden. Viele lokale Vereine, Hundeschulen und Tierheime richten aber auch alternative Wettbewerbe aus. Hier kommen Rassehunde ohne Stammbaum und Mischlinge zum Zuge, und oft werden neben der Schönheit auch ein paar Gehorsamkeits- oder Geschicklichkeitsübungen bewertet. Die Teilnahme an solchen Hunde-Shows bereitet normalerweise nicht nur dem Herrchen, sondern auch dem Hund Vergnügen – vorausgesetzt, er wurde gründlich darauf vorbereitet. Dabei gibt es unter Hunden wahre Showtalente, die den Auf-

tritt im Ring genießen, während es für andere Vierbeiner puren Stress bedeuten kann, im Rampenlicht zu stehen. Jeder Hundehalter muss daher selbst entscheiden, was er seinem Vierbeiner zumuten kann.
Wo und wann welche Art von Veranstaltung stattfindet, erfahren »Show-Lustige« aus der lokalen Presse, aus Hundezeitschriften oder bei überregionalen und lokalen Vereinen, Klubs und Verbänden. Auch im Internet werden unter www.mypetstop.com Veranstaltungstermine in der Hunde-Szene bekannt gegeben.

PÄDAGOGISCH WERTVOLL

Spielerisches Vergnügen kann und sollte erzieherisch genutzt werden. Viele Grundübungen können so auf angenehme Weise erlernt bzw. gefestigt werden. Ein Beispiel: Man wirft einen Ball. Hund läuft hinterher und steht dann mit dem Ball in der Schnauze 30 m entfernt. Idealer Zeitpunkt, um ein kurzes, ruhiges »Komm« zu sprechen. Der Hund kommt und wird gelobt. Nun gleich die zweite Übung: »Aus«. Erst wenn der Hund daraufhin den Ball aus dem Maul gibt und sich auf ein folgendes »Sitz« brav hinsetzt, geht das Spiel weiter.

DAS ERSTE GLOBALE HEIMTIERPORTAL ...

... bietet den super Info-Service rund um den Hund: **www.mypetstop.com.** Sie haben Fragen zur Ernährung Ihres Hundes, suchen eine Tierarztpraxis in Ihrer Nähe oder brauchen Expertenrat zur Erziehung Ihres Vierbeiners? Dann sind Sie auf dieser Website an der richtigen Adresse. Das erste globale Heimtierportal im Internet hat alle wichtigen Informationen parat, bietet einen vielseitigen Service und jede Menge Spaß und Unterhaltung rund um den besten Freund des Menschen. Hier können Sie sich über die Hunderassen dieser Welt informieren, ein ausgewähltes Expertenteam um Rat fragen, Interessantes über Hundeausstellungen in Ihrer Umgebung erfahren oder per E-Mail eine persönliche Postkarte an Ihre Freunde senden. Oder möchten Sie eine originelle und nützliche Homepage eigens für Ihren Hund erstellen? Mit www.mypetstop.com kein Problem!

Soziales Engagement

Etwas ganz Besonderes ist es, mit seinem Hund Gutes zu tun und anderen Menschen Freude zu schenken – mit Besuchen von Krankenhäusern, Seniorenheimen, Behindertenwerkstätten, Kindergärten und Schulen. Organisierte Besuchsdienste werden seit einigen Jahren mehr und mehr auf- und ausgebaut. Alle Hundehalter, die einen zutraulichen Hund mit einem offenen Wesen haben, können mitmachen. Die ehrenamtlichen Organisatoren und Institutionen freuen sich über jeden, der sie tatkräftig unterstützt. Und erst recht freuen sich die Menschen, die den zwei- und vierbeinigen Besuch bekommen! Wer Interesse hat, mit seinem Hund regelmäßig eine soziale Einrichtung zu besuchen, kann sich zum Beispiel an folgende Adressen wenden:

- Tiere helfen Menschen e.V., Münchener Str. 14, 97204 Höchberg, Tel. 0931-404 21 20.
- Leben mit Tieren e.V., Teltowkanalstr. 1, 12247 Berlin (Lankwitz), Tel. 030-618 22 86.
- Informationen über einen ehrenamtlichen Schulbesuchsdienst mit Hund erteilt die Initiative »Hunde helfen Menschen«, Evi und Klaus Rose, Postfach 14 01, 33146 Salzkotten, Tel. 05258-215 05, Fax 05258-214 92, Internet: www.Hunde-helfen-Kids.de, E-Mail: Hunde-helfen-Menschen@t-online.de.

GUT ERZOGENES DUO

HUNDEVERGNÜGEN IN HAMBURG

Auslaufgebiete

Alsenpark

S21/S31 Holstenstraße; Bus 20, 183.
Ganz neu ist zwischen Augustenburger und Eckernförder Straße auf ca. 1.000 qm ein eingezäunter Tummelplatz für Vierbeiner entstanden.

Alsterwanderweg (von Wellingsbüttel bis Poppenbüttel)

S1/S11 Kornweg oder Poppenbüttel.
»Hund-und-Halter-Treff-Garantie«! Kein Wunder, denn hier bleibt kein Wunsch offen. Idyllischer kann man seinen Liebling in Hamburg wohl kaum ausführen: Vögel zwitschern in den dichten Baumkronen, Frösche hüpfen über den Weg, Entenfamilien paddeln friedlich auf kleinen Tümpeln. Wenn Ihr Hund eine »Wasserratte« ist, kann er allerorten in die Alster hüpfen. Im Teetz-Park (beim großen Kinderspielplatz) befindet sich sogar ein Hundespielplatz. Nicht groß, aber landschaftlich schön gelegen und eingezäunt, sodass Ihr Hund Ihnen nicht entwischen kann.

Eichbaumpark, Moorfleeter Deich

Bus 120, bei schönem Wetter Sonderbusse.
Da lacht das Hundeherz und der Mensch freut sich mit: Bei gutem Wetter platzt der Park mit Badesee an der Dove-Elbe aus allen Nähten – Hunde und Halter treffen sich vor allem an der Hundeauslauffläche mit Bademöglichkeit auf der Landzunge.

Grünanlage Buschkoppel (Lohbrügge)

Bus 132, 137.
Noch unentdeckt ist diese Hundefreilauffläche (Havighorster Weg): Rund um den idyllischen See dürfen Hunde sich nach Herzenslust austoben.

Grünes Zentrum Lohbrügge

Bus 12, 137, 234.
Der Bezirk Bergedorf tut eine Menge für seine Vierbeiner! Eine gut angenommene Hundefreilauffläche mit Badeplatz befindet sich z.B. am östlichen Ende des Sees der viel besuchten Grünanlage. Unweit hiervon liegt eine weitere Tobefläche am Bille-Wanderweg (Binnenfeldredder, Südhang).

Höltigbaum-Eichberg (Rahlstedt)

Bus 264.
»Leinen los«! heißt es im neuen Naturschutzgebiet Höltigbaum-Eichberg. Der Freilauf-Geheimtipp hat sich mittlerweile unter Hundehaltern herumgesprochen, die Vierbeiner tollen auf den hoch eingezäunten Wiesen herum. Manch Nimmermüdem fällt nach einer Radtour (angeleint!) an Herrchens Seite durch Höltigbaum und Stellmoorer Tunneltal dann doch das Knopfauge zu.

Die Pfote markiert besonders empfehlenswerte Ausflüge und Spaziergänge

Horner Rennbahn
U3 Horner Rennbahn; Bus 38, 213, 260.
Da die Rennstrecke nur einmal im Jahr von Ross und Reiter genutzt wird, steht sie die übrige Zeit Hunden und ihren Haltern zur Verfügung. Viele Vierbeiner veranstalten in dieser Umgebung ihre eigenen Rennen und freuen sich, dass sie hier frei laufen können. Weitere Pluspunkte: Das Gelände ist durchgängig eingezäunt, ein kleiner Teich bietet Vierbeinern Erfrischung.

Jacobi-Park
S4, S1 Hasselbrook, U1 Wandsbeker Chaussee.
Hunde, es darf getobt werden! Und zwar mit vielen Gleichgesinnten aus der Nachbarschaft, in einem urigen Ambiente zwischen Gedenksteinen und Kirche (Teilfläche an der Friedenstraße).

Niendorfer Gehege
U2 Niendorf Markt; Bus 102, 181, 213.
Was steht auf dem Schild mitten im Erholungswald? Ein Hundeauslaufgebiet ist hier ausgewiesen! Hundebesitzer sind für den Tobeplatz nahe der Niendorfer Kirche dankbar und kommen immer wieder hierher. Inzwischen kennt man sich, und so kann es passieren, dass ein freundlicher Hundehalter eine Kanne Glühwein spendiert oder im Sommer für alle Kartoffelsalat und Würstchen angeboten werden, während die Vierbeiner miteinander toben. Außerhalb des ausgewiesenen Gebietes muss der Hund auf alle Fälle angeleint werden, denn aufgrund des großen Wildbestandes verteilt der wachsame Förster saftige Strafen, wenn Hunde frei laufend angetroffen werden. Doch auch ein Spaziergang an der Leine durch das weitläufige Gebiet macht Ihrem Hund gewiss Spaß, denn es gibt hier interessante Gerüche und jede Menge Abwechslung.

Stadtpark
S1 Alte Wöhr; U3 Borgweg o. Saarlandstraße; Bus 6, 20, 179.
Die 150 ha große grüne Oase inmitten der Stadt entstand vor knapp hundert Jahren nach Plänen des Architekten und Hamburger Baudirektors Fritz Schumacher. Der historische Uferweg sowie die Kaskade am Stadtparksee wurden in jüngster Zeit wieder hergestellt. Vom See bis zum Planetarium erstreckt sich auf der großen Wiese der sicherlich beliebteste Hundetreff – hier achten aber auch vermehrt Ordnungshüter auf die Leinenpflicht. Zum Austoben ist daher der eingezäunte Hundeplatz im Südwesten (Höhe Grasweg) des Parks ideal, auf dem Hund unangeleint im weichen Sand spielen darf. In der Nähe befindet sich das »Landhaus Walter« (Hin-

denburgstr. 2), wo sich Herrchen und Hund in einem der schönsten Biergärten Hamburgs verwöhnen lassen können.

Walter-Möller-Park
S21, S31 Holstenstraße; S1, S3 Königstraße; Bus 20, 183.
Hundehalter haben diese Auslauffläche zusammen mit dem Gartenbauamt entwickelt: Der Hundetummelplatz zwischen Louise-Schröder-Straße und Holstenstraße lädt zum ungestörten Toben ein. Abwechslungsreich gestaltet mit Sand, Baumstämmen, Unebenheiten und Büschen wird es Ihrem Hund hier keinesfalls langweilig! Und die Hundehalter treffen sich gerne auf den Bänken zu einem Plausch. Leckere Pizza gibt's gleich um die Ecke: im »Piccoletto« (Holstenstr. 22).

Spaziergänge

Altonaer Volkspark
Bus 2, 3, 180.
Eine der größten Grünflächen im Hamburger Westen! Im Winter rennt Hund laut kläffend neben den Rodelschlitten her, im Frühjahr und Sommer promeniert er mit Herrchen durch den schönen Schulgarten und im Spätsommer verzaubert die Blütenpracht des Dahliengartens. Das ganze Jahr über ist hier Gelegenheit für ausgedehnte Waldspaziergänge mit Hund-und-Halter-Treff-Garantie. Im Bereich Luruper Hauptstraße/Stadionstraße ist auf dem

KURZE RAST – DANN GEHT DIE TOBERUNDE WEITER!

Parkplatzgrün jetzt auch offizielles Toben ohne Leine erlaubt!

Boberger Niederung
www.bergedorf.de/kulturost/boberg/index.htm; Bus 221, 330.
Ein Paradies! Ein Spaziergang in diesem Naturschutzgebiet lohnt sich für den Hund auch angeleint allemal. Die vielfältigen Landschaftsformen Dünen, Wiesen, Wald, Moor und der Flusslauf der Bille laden Hund und Halter zu einem abwechslungsreichen Ausflug und der Boberger See zu einem Bad ein. Am südlichen Ende lockt der urige Dorfkrug (Boberger Furtweg 1) mit einer Stärkung für Mensch und Tier. Im Westen (neben der Bergedorfer Straße) gibt es sogar eine schöne hügelige Freilauffläche, auf der Ihr Hund mit Spielgefährten herumtollen kann. Entlang der Bille, am südlichen Rand des NSGs, wird auch mal ein Auge zugedrückt, wenn der Hund neben dem Rad leinenlos läuft. Das Naturschutzhaus (Boberger Furt 50, Tel. 73 93 12 66) veranstaltet u.a. naturkundliche Wanderungen, an denen Sie mit (angeleintem) Hund teilnehmen können.

Alter Botanischer Garten
U1 Stephansplatz, U2 Messehallen, U3 St. Pauli; S11 Dammtor.
Starten Sie mit Ihrem Hund zu einem historisch, botanisch und gartenarchitektonisch hochinteressanten Spaziergang mitten in Hamburgs City! Die Großen Wallanlagen locken mit angelegten Seen, einem Flusslauf und vielen Grünflächen. Das Café »Seeterrassen« lädt in der Nähe des exotischen Japanischen Gartens zum Kaffee oder Bier am Parksee ein. Tipp: Im Sommer bekommen Sie leckeres Eis im »Livotto« (Ecke Gorch-Fock-Wall/Dammtordamm).

Außenalster & Alstervorland
S11, S21, S31 Dammtor; U2; S1, S3, S11, S21, S31 Hauptbahnhof Nord.
Ein See mitten in der Großstadt! Lassen Sie Ihren Blick über die wunderschöne Hamburger Skyline schweifen! An das nordwestliche Alsterufer schließt sich das Alstervorland an. Mehrere große Wiesen laden Hunde und Besitzer zu einem Treffen ein; am Wochenende führen Frauchen oder Herrchen stolz ihre reinrassigen, exotischen Begleiter vor. Allerdings gilt im gesamten Bereich Leinenzwang. Im südlichen Teil nutzt man bei schönem Wetter die schweren Stühle an den kleinen Landzungen gern für ein geselliges Stelldichein. Besuchenswert: das »Literaturhauscafé Schwanenwik«. Hunde dürfen mit in den Barbereich und in den Leseraum. Am Ende der Schönen Aussicht finden Sie eine parkähnliche Anlage mit Alsterblick, Wiese und zahlreichen Hunden. Wer jetzt genug vom Laufen hat, startet von einem der Anleger zu einer Alsterrundfahrt.

Bramfelder See

Bus 118, 177.

Jeder vierbeinigen »Wasserratte« ist dieser Ausflug sehr zu empfehlen! Die seichte Uferböschung macht es Ihrem Hund leicht, in den See zu springen. Für eine Umrundung des Sees brauchen Sie ungefähr eine Stunde. Und um das Knurren in Frauchens oder Herrchens Magen zu beruhigen, kehren sie abschließend im »Seehof« (Fabriciusstr. 288) ein.

Eichtalpark

U1 Wandsbek Markt; S4 Wandsbeker Chaussee; Bus 9, 262.

Von hier aus können Sie mit Ihrem Hund immer an der Eilbek entlang bis zur Mündung des Mundsburger Kanals in die Binnenalster spazieren. In der Gegenrichtung bietet sich die Wandse für einen langen und abwechslungsreichen Spaziergang an. Besonders viele Hundefreunde werden Sie rund um den Kupferteich (Pulverhofsweg) treffen. Am Eingang Ahrensburger Straße befindet sich das gemütliche Restaurant »Im Eichtalpark« mit Mittagstisch.

An der Elbe entlang

Starten kann man die Elbwanderung bereits am Altonaer Balkon, von wo man einen fantastischen Blick über den Hafen samt Köhlbrandbrücke hat. Vom Museumshafen in Övelgönne bis zur Stadtgrenze in Hamburgs Westen erstreckt sich dann auf über 12 km feiner Sandstrand. Ideal für ausgedehnte Touren, bei denen sich der vierbeinige Begleiter so richtig austoben und viele Artgenossen treffen kann!

Wenn sich Ihr Hund im Sommer in der Elbe abkühlen will, so brauchen Sie keine Angst zu haben, denn die Wasserqualität hat sich in den letzten Jahren verbessert. Ihrem Hund wird dieser Spaziergang noch mehr Spaß machen, wenn Sie die Strecke am Strand, der unterhalb des befestigten Weges verläuft, zurücklegen.

Elbspaziergang vom Museumshafen bis Teufelsbrück

Bus 36, 112; Fähre 62.

Die hier am Weg gelegenen Restaurants bieten unter anderem eine gute Fischküche und für durstige Hunde einen Wassernapf vor der Tür. Unterhalb des Schulbergs befindet sich die »Strandperle«, ein Strandimbiss, der nur in den Sommermonaten geöffnet ist. Bei schönem Wetter trifft sich hier ein bunt gemischtes zweibeiniges und vierbeiniges Publikum. Viele der Spaziergänger bringen ihre Speisen und Getränke selbst mit und setzen sich zum Picknick einfach in den Sand. Wenn Sie weiter Richtung Teufelsbrück gehen, kommen Sie am Lokal »Zur Elbkate« mit Biergarten vorbei. Bei Teufelsbrück nur noch die Elbchaussee überqueren und Sie gelangen in den Jenischpark.

Elbspaziergang von Mühlenberg bis Wittenbergen
S1/S11 Blankenese; Bus 48, 286 oder S1/S11 bis Wedel u. Bus 22.
Am Strandweg in Blankenese, unterhalb der mediterran anmutenden Hangbebauung, finden Hundehalter und ihre vierbeinigen Begleiter nette, gemütliche Lokale. Beim Leuchtfeuer wird der Strand breiter, und je weiter Sie am Falkensteiner Ufer entlangwandern, desto ruhiger und ursprünglicher wird die Landschaft. Ideal für Hunde und Hundehalter, die lieber unter sich bleiben möchten. In Wittenbergen befindet sich der breiteste Strandabschnitt, mit unbefestigtem Ufer. Bei sonnigem Wetter kommt im feinen Elbsand Urlaubsstimmung auf. Mutige trauen sich sogar zu baden. Auch Hunde können sich hier am seichten Ufer in die Fluten stürzen, doch Vorsicht: Die Strömung ist an dieser Stelle recht stark, nur Hunden, die kräftig genug sind, das Ufer problemlos wieder zu erreichen, sollte das Schwimmen erlaubt werden. Eis und andere Leckereien werden an Kiosken feilgeboten. Hundefreundlich inkl. Wassernapf: das Café »Buchfink« (Rissener Ufer 21).

Elbspaziergang von Teufelsbrück bis Mühlenberg
Bus 36, 39, 286; Fähre 64.
Auf dem Anleger Teufelsbrück lädt das »Café Engel«, in dem auch Ihr Hund ein gern gesehener Gast ist, zur Kaffeepause ein. Wer es preisgünstiger haben möchte, kann sich im Imbiss verköstigen. Wandern Sie gestärkt weiter Richtung Westen, dann gelangen Sie beim Mühlenberg zum oberhalb des Elbuferwegs gelegenen Hirschpark. Im Sommer lädt der Schatten der knorrigen Kastanien zur nächsten Ruhepause ein.

Harburger Stadtpark
S3/S31 Harburg; Bus 145, 245.
Am östlichen Ufer des Außenmühlenteichs tummeln sich Kind und Kegel im Freibad, am westlichen Ufer wirft Herrchen den Stock ins Wasser und der Hund springt freudig hinterher. Dieses abwechslungsreiche, 70 ha große Gelände ist immer einen ausgedehnten Spaziergang wert! Einkehrschwung gefällig? Probieren Sie's mit dem Restaurant »Zur Außenmühle« (Außenmühlenweg).

Jenischpark
S1 Klein Flottbek; Bus 36, 39, 115, 286.
Der Hamburger Westen – ein Parkparadies! Der hanseatische Kaufmann Caspar Voght schuf Ende des 18. Jahrhunderts diesen nach englischem Vorbild gestalteten Park – Hund darf sich also wie ein Royal Corgi fühlen. Weitläufi-

EIN LECKERBISSEN WECKT NEUE KRÄFTE

ge Rasenflächen wechseln sich mit dichtem, Schatten spendendem Baumbestand ab. Auf 43 ha erstreckt sich die romantische Landschaft oberhalb der Elbchaussee. Hier trifft sich der vierbeinige Elbvorortler zum fröhlichen Herumtollen, während der Zweibeiner den romantischen Ausblick auf die Elbe und das herrschaftliche Jenischhaus genießt. Bei schönem Wetter bietet sich der Biergarten »Am Jenischpark« (Hochrad 56) für eine kurze oder längere Pause an. Die Fläche des wiederhergestellten Westerparks (Eingang Quellental) ist ein Geheimtipp unter laufwütigen Hunden. Dorthin gelangt man über den an den Jenischpark grenzenden Wesselhoeftpark.

Klövensteen
S1, S11 Rissen.
Romantisch gelegene Fischteiche, märchenhafte Waldabschnitte, das von Birken und Kiefern gesäumte Naturschutzgebietes Schnaakenmoor, weite Ausblicke über grüne Wiesen – solche Eindrücke erwarten Sie im Klövensteen. Man begegnet Wanderern, Radfahrern, Inlineskatern, Reitern und Hunden (an der Leine) mit zweibeinigen Begleitern. Kinder können im »Pony-Hof« (Babenwischenweg) reiten, und in der »Pony-Waldschänke« wartet auf Zweibeiner leckeres Essen, ebenso im »Ristorante Pineta« (Egenbüttelweg 123/Ecke Sandmoorweg).

Lise-Meitner-Park
Bus 2, 22.
Psst! Nicht weitersagen! Die Hunde haben's schon spitz bekommen, sonst aber kaum jemand: Zwischen Blomkamp und der Osdorfer Landstraße liegt ein urwüchsiges Hundeparadies mit Bademöglichkeit! Nach einem ausgiebigen Spaziergang kühlen sich die Vierbeiner gerne ab und paddeln in dem beim Luruper Drift gelegenen See herum.

Öjendorfer Park
U3 Merkenstraße.
An der östlichen Stadtgrenze finden Sie den mit Schilf bewachsenen Öjendorfer See mit weitläufi-

»JETZT BRAUCHEN WIR EINE PAUSE!«

gen Grünflächen. Ein Eldorado für Hund und Halter! Ins kühle Nass kann Ihr Hund fast überall gut eintauchen, abgesehen von den ausgeschilderten Naturschutzgebieten und dem kleinen Badestrand für Zweibeiner. Eine gute Stunde ist einzukalkulieren, um den See zu umrunden – mit Badepause länger: Nach dem Bad trifft Hund bestimmt auf Spielkameraden, und während er tobt, können Sie sich mit einem Getränk aus einem der umliegenden Kiosks erfrischen – oder wärmen.

Ausflüge

Altes Land

A 7 Abfahrt Waltershof, Ri. Cranz. Linienschiff z.B. ab Landungsbrücken, Neumühlen o. Teufelsbrück Ri. Finkenwerder, von dort Ri. Cranz.
Läuft Ihr Hund gern neben dem Rad her? Dann sollten Sie eine Radtour im Alten Land unternehmen! Auf den Linienschiffen des HVV können Sie Hund und Rad ohne weiteres mitnehmen. Besonders zur Blütezeit der Kirsch- und Apfelbäume ist das Radeln auf Deichen und Wegen ein Genuss.

Holmer Sandberge

B 431 nach Holm, rechts Im Sande abbiegen, rechts Am Meierhof abbiegen, Am Sportzentrum. S1, S11 bis Wedel; Bus 75, 77.
Geologisch einzigartig ist dieses Landschaftsschutzgebiet: Dünen werden von Heideflächen und bizarr geformten Kiefern umrahmt. Es gibt Wald, Moorparzellen und einen kleinen Teich. Einziges kleines Manko: Ihr Hund darf hier nicht baden. Trotzdem können Sie mit Ihrem vierbeinigen Liebling ein paar herrliche Stunden in ruhiger Natur erleben!

Sachsenwald

A 24 Ausfahrt Reinbek o. Schwarzenbek/Grande. S21 bis Aumühle (ca. 20 Min. zu Fuß).
Ein Traum vor den Toren der Stadt für Erholung und Auslauf suchende Zwei- und Vierbeiner. Das größte geschlossene Waldgebiet Schleswig-Holsteins ist das ideale Terrain für einen ausgedehnten Spaziergang oder eine lange Radtour. Ein einzigartiges Erlebnis ist der Besuch des Schmetterlingsgartens in Friedrichsruh, der am Rand des Sachsenwaldes liegt und in dem Sie je nach Saison bis zu 110 Schmetterlingsarten aus aller Welt bewundern können. Ihr Hund darf leider nicht mit hinein. Für ihn ist aber bestens gesorgt: Die Vierbeiner warten am Eingang brav auf die Rückkehr ihrer Herrchen – an der Hundebar, wo Hundesnacks die Wartezeit verkürzen.

SCHON FÜR WELPEN WICHTIG: RICHTIGE ERZIEHUNG

ERZIEHUNG & SPORT – TOP IN FORM IM TEAM

Um die Erziehung seines Vierbeiners kommt keiner herum, wenn das Zusammenleben zwischen Mensch und Hund in der Familie und im weiteren Umfeld funktionieren soll. Dem Menschen als »Rudelführer« kommt die Aufgabe zu, dem Hund mittels Konsequenz und Geduld seinen Platz in der Familie zuzuweisen.

In den meisten Fällen ist die grundlegende Erziehung des Hundes ohne professionelle Hilfe von Hundeschulen, Klubs und Vereinen möglich. Dennoch empfiehlt es sich, vor allem für »jungfräuliche« Hundehalter, mindestens die folgenden Angebote wahrzunehmen: Welpenschule und Grundkurs für Junghunde. Denn hier lernen Hund und Halter unter fachkundiger Anleitung die Grundlagen, die für ein friedliches und sicheres Miteinander in der Stadt unbedingte Voraussetzung sind.

Erziehung in der Hundeschule

Lange standen Hundeschulen für militärischen Drill und Druck. Heute ist das anders. Die meisten Hundehalter wissen, wie wichtig eine sanfte, aber konsequente Erziehung des Vierbeiners ist und wie viel mehr Freude ein gut erzogener Hund macht. Und auch die Hundeschulen und Hundesportvereine haben umgedacht. Sie bieten ein buntes, vielseitiges Programm mit gezieltem Erziehungs- und Sporttraining, das Hund und Herrchen Freude macht.

Welpenschule

Das soziale Miteinander der Hunde steht im Vordergrund. Die jungen Tiere lernen wichtige Verhaltensregeln für die Begegnung und den Umgang mit Artgenossen. Dies ist eine Voraussetzung dafür, dass sie als ausgewachsene Hunde ein intaktes Sozialverhalten an den Tag legen. Darüber hinaus wird in der Welpenschule bereits Basis-

DAS KLEINE EINMALEINS DER ERZIEHUNG

- Die wichtigsten Übungen, die jeder Hund in der Stadt beherrschen sollte, sind »Komm«, »Sitz«, »Platz«, »Bleib« und »Aus«. Spielerisch wird damit bereits im Welpenalter begonnen.
- Wichtig ist – neben einer stets ruhigen, aber bestimmten Konsequenz – , dass die Hörzeichen exklusiv eingesetzt werden. So darf zum Beispiel »Komm« nur den Befehl beinhalten, dass der Hund zu seinem Menschen kommen soll, und nichts anderes.
- Deutlich und klar mit dem Hund sprechen. Mit einem knappen »Komm« kann ein Tier mehr anfangen als mit einem »Na, sei lieb, komm doch mal her, du kleiner, süßer ...«. Alle erzieherischen Signale müssen für das Tier verständlich und klar einzuordnen sein.
- Zeigt der Hund das gewünschte Verhalten, wird er gelobt. Unerwünschtes Verhalten wird lediglich mit einem ruhigen »Nein« kommentiert.
- Immer mit einem Erfolg abschließen. Klappt eine Übung nach mehrmaligen Versuchen nicht, wird die Erziehungseinheit für dieses Mal mit einer Übung beendet, die der Hund schon beherrscht.

arbeit für die spätere Erziehung geleistet. In der Regel geht ein Welpe ab der 10. Lebenswoche für rund sechs bis acht Wochen in die Schule, und zwar einmal wöchentlich. Im Anschluss daran kann ein Grundkurs für Junghunde belegt werden.

Basisausbildung

So genannte Grundkurse vermitteln das »Kleine Einmaleins der Hundeerziehung«, wie zum Beispiel die richtige Kommunikation mit dem Tier, gute Leinenführigkeit und Hörzeichen (Kommandos) wie »Sitz«, »Platz«, »Bleib« und »Komm«. Ein wichtiger Teil der Ausbildung ist die Gruppenarbeit, bei der die Hunde lernen, sich unabhängig von anderen Hunden ganz und gar auf ihr Herrchen zu konzentrieren, aber auch andere Hunde friedlich neben sich zu dulden. Besonders in der Stadt sollten ergänzend Übungen auf öffentlichen Straßen und im Stadtverkehr auf dem Programm stehen. Rund sechs bis acht Stunden in einem Zeitraum von ein bis zwei Monaten reichen aus. Wer möchte, kann noch länger am Ball bleiben und auf den Basisstunden aufbauend mit seinem Hund die Begleithund-Prüfung ablegen. Zu den erweiterten Anforderungen zählen hier Übungen wie zum Beispiel »Frei-bei-Fuß-Gehen« und »Ablegen des Hundes unter Ablenkung«.
Kurse in der Hundeschule schaffen zwar eine hervorragende Grundlage für eine richtige Erziehung. Sie ersetzen aber längst nicht die Konsequenz im Alltag. Grundsätzlich gilt, dass das, was in der Schule gelernt wird, auch im Alltag immer wieder angewandt und geübt werden muss.

GELEHRIGER SCHÜLER

FIT FOR FUN?

Wer mit seinem Hund sportlich aktiv sein will, sollte vorab in einem kurzen Gespräch mit dem Tierarzt klären, inwieweit das Tier dazu geeignet ist. Besonders bei kurzbeinigen Rassen und heranwachsenden Hunden größerer Rassen sollte man sich erkundigen, welche körperlichen Belastungen gesundheitlich bedenklich sein könnten. Also, erst einen »TÜV«-Check einlegen, dann starten!

Hundesport

Drei in einem: Erziehung, Sport und Spaß! Ganz gleich, ob Agility, Obedience, Turnier- oder Breitensport, hier geht es nicht um Pokale und Schleifen, allein der olympische Gedanke zählt: Dabei sein ist alles! Und ganz egal, ob Zwergpudel oder Dobermann, für jeden cleveren Hund – und Halter – gibt es eine passende Sportart. Ausführliche Informationen über die Möglichkeiten im Hundesport gibt der Deutsche Hundesportverband (dhv) e.V., Gustav-Sybrecht-Str. 42, 44536 Lünen, Tel. 0231-87 80 10.

Agility

Agility (engl. Behändigkeit) ist nicht nur für den Hund, sondern auch für seinen Menschen eine sportliche Herausforderung. Denn den Hindernisparcours können Vier- und Zweibeiner nur gemeinsam bewältigen – nach vorgeschriebenen Regeln und in möglichst kurzer Zeit! Während der Hund Hürden, Wippe, Tunnel und Reifen überwindet, ist sein Halter stets zur Seite. Er weist den richtigen Weg, mahnt zur Konzentration oder feuert zum Spurt an. Eine Riesengaudi für ein perfekt eingespieltes Team!

Mobility

Bei Mobility (engl. Beweglichkeit) geht es immer noch behände, aber etwas beschaulicher zu. Auch hier überwinden Hund und Herr »gemeinsam« Hindernisse, dabei ist Schnelligkeit aber kein Kriterium, sondern es geht vielmehr darum, die Aufgabe – wie langsam auch immer – zu bewältigen. Mobility ist daher für alle Hunde und Hundehalter, die es lieber etwas ruhiger angehen möchten, eine echte Alternative zu Agility.

Obedience

In England schon lange im Hundesport etabliert, in Deutschland noch weniger bekannt, aber auf dem Vormarsch: Obedience (engl. Gehorsam). Die »Hohe Schule der Unterordnung«, bereits im Jahre 1951 auf der internationalen Crufts Dog Show präsentiert, ist eine ganz besondere Herausforderung für jeden Hundefreund. Eine Sportart, bei der der Hund Kommandos seines Menschen lediglich auf Handzeichen und Gesten mit vollendeter Präzision ausführt. Obedience kommt weniger agilen und älteren Hunden und Menschen entgegen, erfordert aber hohe Konzentrationsfähigkeit sowie absolute Harmonie zwischen Hund und Herrn.

Dog-Dancing: Heelwork und Freestyle

Aus Obedience entwickelte sich eine andere Form des Hundesports: das so genannte »Dog-Dancing«. Wichtigster Unterschied zu Obedience: Hund und Herrchen trainieren mit Musik. Im Rahmen der beiden Varianten des »Tanzens mit dem Hund« – Heelwork und Freestyle – bewegen sich Hund und Mensch per Handzeichen gemeinsam im Takt – die Musik kann individuell ausgewählt werden. So entsteht eine Art Kür ähnlich dem Dressurreiten beim Pferdesport. Diese Form der Harmonie im Duett zwischen Hund und Mensch begeistert nicht nur die Zuschauer, sondern bereitet auch den beiden Partnern Freude. Hoch konzentriert und gleichzeitig entspannend – ein Sport für Perfektionisten und Feingeister.
Bei der Variante »Heelwork to music« wird Seite an Seite »getanzt«. Entscheidend ist, dass sich der Hund nicht weiter als 1,2 m von seinem zweibeinigen Tanzpartner entfernt. Bei allen Figuren bleibt der Hund entweder in Kontakt zu seinem Menschen (»heel-

AUF IN DIE BALL-SAISON

Mensch braucht eine Pause, Hund noch lange nicht? Dann ist Flyball genau das Richtige! Eine Kiste voller Power, die auf den meisten Hundeplätzen bereitsteht. Schnell hat der Hund gelernt, mit seiner Pfote auf den Hebel zu drücken, der an der Vorderseite der Kiste angebracht ist, und schon wird ein Ball in hohem Bogen herausgeschleudert. Ab, zack, hinterher und fangen. Dass da noch ein paar Hürden im Weg stehen, fällt kaum auf, die werden locker überwunden. Ein außergewöhnliches Vergnügen für clevere Hunde!

HUNDESPORT – GROSSER SPASS FÜR KLEINE HUNDE

position«) oder platziert sich direkt vor dem Partner (»front-position«).
Die zweite Form des Dog-Dancing, Freestyle (auch Freestyle-Obedience genannt) beinhaltet zusätzliche Figuren und lässt mehr Freiraum zwischen Hund und Mensch. Drehungen und Sprünge sind erlaubt und Stäbe, Hüte, Tücher oder Bänder können in die Vorführung einbezogen werden.

Turniersport

Turniersport, auch Breitensport genannt, kann von Hunden aller Größen gemeistert werden und umfasst Vierkampf sowie Hindernis- und Geländelauf. Zum Vierkampf gehören Slalom-, Hürden- und Hindernislauf sowie Gehorsam, bei dem Leinenführigkeit, Sitz- und Platzübungen gezeigt werden. Auch hier läuft nicht nur der Vier-, sondern auch der Zweibeiner, ein Teil der Sprünge wird dabei sogar im Team absolviert.
Es muss allerdings nicht immer gleich Vierkampf sein: Hundefans können sich auch auf den Hindernislauf als Einzeldisziplin beschränken. Beim Geländelauf als Turniersport geht es über Stock und Stein, querfeldein. Mit seinem Hund in der Natur die eigenen Grenzen kennen lernen – eine ganz besondere Herausforderung. Ein Team kann hier auch aus mehreren Personen plus Hund bestehen. So wird der Geländelauf zum Spaß für die ganze Familie.

SLALOM: MACHT SPASS UND HÄLT FIT

Los geht's: Hundetraining

Vereine

Deutscher Teckelclub e.V.
Hünenkamp 2b, 22869 Hamburg, Tel. 830 59 31, Udo Sauerbrey.
Vom Welpen bis zum Oldie – jeder Dackel ist willkommen, um den richtigen Benimm zu lernen oder die Vorbereitung zur Begleithundeprüfung zu absolvieren. Auch andere, vor allem kleine Hunde können bei den Kursen mitmachen. Man trifft sich sonntags um 10 Uhr am Gnäterkuhlenweg in Wedel. Die Mitgliedschaft kostet im Jahr € 32. Zusätzlich ist eine Aufnahmegebühr von € 2,60 zu entrichten.

Deutscher Verband der Gebrauchshundsportvereine, (Landesgruppe Hamburg)
Auf dem Klingenberg 6, 21698 Harsefeld, Tel. 04164-57 34, Herr Schaal.
Das Angebot der in diesem Verband organisierten Vereine reicht von Agility, Obedience und Heel-Dance über Turnierhundesport bis zu Welpengruppen. Beim Verband bekommen Sie Adressen von Vereinen in Ihrer Nähe.

Verein für Deutsche Schäferhunde e.V. (Ortsgruppe Blankenese)
Alte Sülldorfer Landstraße (Hundesportplatz), 22559 Hamburg, Tel. 87 25 13, Jürgen Woldt.

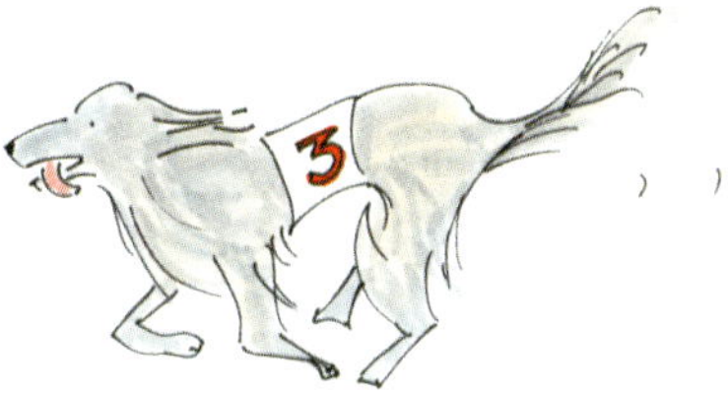

Auf dem Übungsplatz in Rissen finden Begleithundeseminare für Hunde aller Rassen statt. Kosten für den dreimonatigen Kurs: € 66,50.

Hundeschulen

Christiane Fischer
Hauptstr. 2, 24576 Hagen, Tel. 04192-89 99 15.
Frau Fischer besucht Sie in und um Hamburg, um Ihnen und Ihrem Hund das richtige Verhalten beizubringen. Sie können zwischen einem flexibel gestalteten Einzelunterricht (€ 31-46 pro Stunde) im Haus oder Park und einer Erziehung in kleinen Gruppen, die insgesamt acht Stunden dauert und einmal wöchentlich angeboten wird, wählen. Kurskosten: € 143.

Hunde-Internat Joe Bodemann
Rüterstr. 92, 22041 Hamburg, Tel. 68 26 81 37, www.joebodemann.de.
Ein vielseitiger Mann, der Herr Bodemann: Er gilt in Europa als einer der erfolgreichsten Tiertrainer für Film und Fernsehen und leitet u.a. eine Tierheilpraxis, eine Hundepension sowie einen Hundesalon. In seinem Hunde-Inter-

nat wird Ihr Hund ohne Strafen erzogen. Im Angebot: Junghunderziehung, Familienhundeausbildung, Ausbildung zum Schutz- und Begleithund und Allroundhundeausbildung. Die Schulungen dauern vier bis zwölf Wochen und kosten pro Woche (inkl. Futter u. Pflege) € 404.

Hundeleben
Jettkamp 1, 24576 Bad Bramstedt, Tel. 04192-95 13, Michael Grewe, Bettina Bannes-Grewe.
Über die Grenzen Hamburgs hinaus ist der Name Bannes-Grewe bekannt. Beziehungsprobleme zwischen Mensch und Hund werden hier individuell gelöst. Herr Grewe gilt als Koryphäe auf seinem Gebiet, und die angeschlossene Hundepension seiner Frau genießt ebenfalls einen erstklassigen Ruf.

Welpengruppen

Welpenschule Rosengarten
Treppenberg 3, 21224 Rosengarten, Tel. u. Fax 04108-31 27, Tel. 0172-436 23 31, Angelika Gurzan.

Die Welpenschule Rosengarten hat sich auf die Arbeit mit den tapsigen Kleinen spezialisiert. Samstag ist Welpentag – da lernen Hundekinder ab der achten Woche, auf erste Kommandos zu reagieren. Anschließend erfährt der Hundebesitzer Interessantes über Hundehaltung. Für einen Welpentag (inkl. Infomaterial) zahlen Sie € 19,40.

Family Dogs
Volksdorfer Weg 19, 22391 Hamburg, Tel. 64 08 97 26 u. 0171-516 08 01, www.derhund.com, Frau Vehse.
Einmal pro Woche gibt's kostenloses Welpenspielen für kleine Wuffels. Die gut ausgebildeten und liebevollen Trainer stehen Hundehaltern dann für alle Fragen zur Verfügung. Zudem im Angebot: Kurse für ältere Hunde und Team-Fitness. Kosten für Ausbildung und Theoriekurs: € 128.

Sozialisierungstraining

Birgit Hünemörder
Hamburg, Tel. 89 83 35, BH@tiertherapie-online.de, www.tiertherapie-online.de.
Ein bunter zwei- und vierbeiniger Trupp trifft sich seit neuestem regelmäßig im Altonaer Volkspark. Hier wird getobt – spielend lernt dabei so mancher Rowdy, ein besseres Sozialverhalten an den Tag zu legen. Auch bei Problemfällen steht die diplomierte Ethologin mit Rat und Tat zur Seite: Der

AUCH DIESES HINDERNIS WIRD BEWÄLTIGT

Vierbeiner lernt sich anständig zu verhalten, der Zweibeiner, seinen Hund besser zu verstehen. Preis: € 5,10.

Hundetrainingszentrum am Sachsenwald
Börnser Str. 39, 21039 Börnsen, Tel. u. Fax 72 97 79 44, Michael Kern.
Ein vielfältiges Trainingsprogramm auf Basis der kynologischen Theorie Urs Ochsenbeins wird hier angeboten. Ein Orientierungskurs für Hundehalter kostet € 122,70 und beinhaltet sechs Praxiseinheiten und eine Theorieeinheit, die jeweils 1,5 Stunden dauern. Nach diesem Kurs können Sie das Erlernte in Übungsstunden (€ 7,70 pro Stunde) wieder auffrischen. Weitere Kurse: Sicherheitstraining, Agility-Kurse, Welpengruppen und Junghundegruppen.

MOBIL MIT HUND

Ein Hund folgt seinem Herrn überallhin. So gesehen schränkt der Vierbeiner die Mobilität seines Herrchens in keiner Weise ein. Und die Praxis zeigt: Ein gut erzogener Hund weiß sich auf der Straße oder in Bus und Bahn oft besser zu benehmen als so mancher Zweibeiner. Mobil und flexibel mit dem Hund setzt lediglich eines voraus: dass Sicherheit und Wohlbefinden aller Verkehrsteilnehmer geachtet werden!

Gut zu Fuß

Sofern möglich, sollte ein Hund bereits in seinen Welpentagen an den Stadtverkehr gewöhnt werden. Aber auch ein älterer Hund kann durchaus noch straßensicher erzogen werden. Ab und zu mal eine Fahrt im Auto, hier und da mal ein Gang durch das bunte Treiben einer U-Bahn-Station helfen, den Hund mit den Geräuschen, Bewegungen und Eindrücken des Stadtlebens vertraut zu machen. Gewisse Regeln sollten dabei beachtet werden: Auf der Straße, in Bahnhöfen und öffentlichen Gebäuden gehört ein Hund an die Leine. Das Beste ist, den Hund konsequent daran zu

WICHTIG: DIE RICHTIGE LEINE

Geeignet sind alle Leinen aus einem reißfesten Material mit einem entsprechend stabilen Karabinerhaken. Die Stärke der Leine richtet sich nach Größe und Kraft des Hundes. Leder- und Nylonleinen sind widerstandsfähig, geschmeidig und leicht. Robuster sind Leinen mit Kettenteil, hier muss aber zumindest das hintere Ende bzw. die Schlaufe der Leine aus Leder oder Nylon gefertigt sein, sonst droht Verletzungsgefahr. Für den Straßenverkehr gänzlich ungeeignet sind so genannte Lauf-, Flexi- oder Roll-Leinen. Diese können im Wald oder in Grünanlagen mit Leinenpflicht für Hunde äußerst gute Dienste leisten. Nicht aber auf der Straße, wo der Hund hundertprozentig unter Kontrolle sein muss!

gewöhnen, immer auf der gleichen Seite des Menschen zu gehen. Idealerweise auf der linken, da man als Fußgänger auf Straßen ohne Bürgersteig entgegen der Fahrtrichtung geht. Hat man den Hund auch in so einem Fall auf der linken Seite, ist er nicht direkt dem entgegenkommenden Verkehr ausgesetzt. An jeder Bürgersteigkante muss sich das Tier hinsetzen und so lange warten, bis sein Mensch signalisiert, dass es weitergeht. Und auch dann darf der Hund nicht losstürmen, sondern muss die Straße brav »bei Fuß« überqueren. »Professionell« verkehrssicher werden Hund und Halter, indem sie einen entsprechenden Kurs in einer Hundeschule belegen.

BEQUEM AUF TOUR

Auf zwei Rädern & vier Pfoten

Kleine und kurzbeinige Rassen reisen ganz komfortabel in einem Fahrradkorb mit. Dieser sollte mit einer Decke oder einem Kissen ausgepolstert werden und vorn am Lenker, nicht hinten auf dem Gepäckträger angebracht sein. So hat man den vierbeinigen Beifahrer stets im Blick. Sicherheitshalber werden unerfahrene und besonders lebhafte Hunde mit einem Brustgeschirr im Korb angeschnallt. Dies verhindert, dass der Kleine auf die Idee kommt, große (und gefährliche!) Sprünge zu wagen. Größere Hunde haben es da weniger bequem, sie müssen laufen. Was heißt müssen – sie dürfen! Denn die meisten Hunde laufen sehr gern neben dem Fahrrad. Laut § 28 der Straßenverkehrsordnung ist es offiziell erlaubt, angeleinte Hunde am Fahrrad mitzuführen. Vorausgesetzt, die Sicherheit wird nicht gefährdet. Bevor es in den Großstadtdschungel geht, sollte daher auf ruhigeren, abgelegenen Wegen geübt werden. Zunächst schiebt man das Fahrrad und lässt den Hund an der Leine neben sich gehen. Und zwar immer rechts vom Rad, weil das Tier dann von den Autos weg sicher zwischen Rad und Bürgersteig

10 »RAD-SCHLÄGE«

1. Viele Pausen einlegen. Hund beobachten.
2. Keine zu jungen, kranken oder alten Hunde am Rad laufen lassen.
3. Laufleistung (Strecke und Tempo) langsam steigern.
4. Nie bei Hitze fahren. Der Hund hat keine Fahrtwindkühlung. In Bodennähe ist es wärmer.
5. Wasser oder ein erfrischendes Bad im Bach anbieten.
6. Nicht zu lange auf Asphalt bleiben.
7. Abgasreiche Strecken schnell verlassen.
8. Stark befahrene Radwege meiden.
9. Nicht die Leine ums Lenkrad wickeln.
10. Nie vor dem Lauf füttern.

läuft. Der Hund muss lernen, auf die Stimme seines Menschen hin langsamer zu laufen beziehungsweise stehen zu bleiben. Bald schon hat er aber kapiert, dass ein knappes »Los, leg zu« oder ein lang gezogenes »Laangsaam« ein schnelleres oder langsameres Tempo verlangt. Schließlich liegt es dem Hund im Blut, sich dem Tempo seines Rudelführers anzupassen. Grundsätzlich sollte der Hund an lockerer Leine traben können, nicht im Galopp gejagt oder gezerrt werden. Die Leine muss so gehalten werden, dass sie bei unvorhergesehenen Zwischenfällen schnell losgelassen werden kann. Wichtig ist auch, dass die Leine in der richtigen Länge gehalten wird. Einerseits muss sie so kurz gefasst werden, dass sie sich nicht in den Speichen verheddern und der Hund nicht vor das Rad laufen oder hinter dem Rad zurückbleiben kann. Andererseits soll sie so lang hingegeben werden, dass der Hund etwas Spielraum hat und nicht gewürgt wird. Wichtig: Im Straßenverkehr muss der Hund neben dem Fahrrad angeleint laufen. »Leinen los« heißt es erst auf freiem Feld!

On Tour mit Inlineskates oder Kickboard

Für all diejenigen, die auf Inlineskatern, Kickboards oder Rollern mit ihrem Vierbeiner Tempo machen möchten, gelten grundsätzlich dieselben Regeln wie beim Fahrradfahren. Bevor es losgeht, muss das rasante Vergnügen »trainiert« werden. Dies gilt hier nicht nur für den Hund, sondern ganz besonders auch für den Hundehalter. Denn erst wenn man selbst die Kunst des Skatens und Rollerns gut beherrscht, sollte man seinen vierbeinigen Begleiter mitnehmen. Der wiederum muss zuvor gelernt haben, sich auf Herrchen und das neue Fortbewegungsmittel zu konzentrieren. Manche Hunde sind durch die ungewohnten Geräusche, die von Inlinern oder Rollern ausgehen, zunächst irritiert. Unter Umständen sogar erschreckt. Daher fährt man zunächst im gemäßigten Tempo kurze Strecken. So lange, bis der Vierbeiner verinnerlicht hat, dass kein Grund zur Beunruhigung besteht. Später dann, wenn es auf größere Tour geht, ist es wichtig, darauf zu achten, dass der Hund nicht über längere Distanzen ausschließlich auf hartem Untergrund laufen muss. Ideal ist es, wenn sich harte und weiche Böden abwechseln. Da Skater und Kickboarder asphaltierte Wege bevorzugen, empfiehlt es sich, nach Strecken zu suchen, die beiderlei Bedürfnissen entgegenkommen, auf denen also zum Beispiel ein asphaltierter Weg von Grünstreifen oder Wiesen flankiert wird.

Mobil im Auto

Für viele Stadthunde ist das Auto ein zweites Zuhause. Ein vertrauter Raum mit bekannten Gerüchen und der Garantie, dass Herrchen immer zurückkommt. Auch das Warten im Wagen ist für die meisten Hunde lässige Routine.

WETTRENNEN AUF VIER PFOTEN UND ACHT ROLLEN

KEIN PROBLEM: HUND AUF GROSSER AUTO-TOUR

Damit die Autofahrt mit Hund vergnüglich bleibt, sollten folgende Regeln beachtet werden: Der Hund darf nicht so platziert werden, dass er den Fahrer ablenkt oder bei einer Bremsung nach vorne fliegen kann. Viele Hunde liegen gern im Fußraum vor dem Beifahrersitz. Dies ist allerdings nur sicher, wenn der Hund verlässlich auf seinem Platz bleibt und nicht während der Fahrt auf den Sitz oder sogar auf Herrchens Schoß springt. Wird der Hund im hinteren Bereich des Wagens transportiert, sollte eine Sicherung vorgenommen werden. Dafür gibt es mehrere Möglichkeiten: eine Transportkiste, die auf der Rückbank oder im offenen Kofferraum befestigt wird, ein Brustgeschirr für den Hund, das auf dem Rücksitz mit dem gängigen Sicherheitsgurt verbunden wird oder ein Sicherheitsgitter oder -netz, das den gesamten Rückraum bzw. den offenen Kofferraum vom Personenbereich abtrennt. Für welches System man sich letztendlich entscheidet, hängt von Hundegröße und Wagentyp ab. Im Auto ist stets für frische Luft zu sorgen, ohne dass dabei Zugluft entsteht. Falls der Hund öfter im Auto wartet, sind im Zoofachhandel spezielle Gitter erhältlich. Diese können fest in ein geöffnetes Autofenster ge-

HUNDMOBIL – EXTRA-INFOS ZUR AUTOFAHRT MIT HUND

Weitere wichtige Informationen zu der Autofahrt mit dem Hund bietet die Broschüre »Hundmobil«, herausgegeben von Pedigree in Zusammenarbeit mit den Zeitschriften »ADACmotorwelt« und »Partner Hund«. Von der Sicherheit im Auto über ausführliche Ratschläge für längere Reisen, Tipps für Stopps und Staus bis hin zur Notfallhilfe bei Pannen und Unfällen – der kompetente Ratgeber lässt keine Frage offen. Vervollständigt durch nützliche Adressen in In- und Ausland sowie Hinweise auf gesetzliche Regelungen. Die umfangreiche Broschüre »Hundmobil« kann kostenlos angefordert werden über die Pedigree-Hotline: Tel. 01805-33 45 45 (€ 0,12/Min., Stand 07/2001).

klemmt werden und sorgen so bei verschlossenem Wagen für Frischluft. Bei Kälte oder Hitze darf ein Hund niemals längere Zeit allein im geparkten Wagen bleiben. Im Sommer gehören bei längeren Fahrten oder Aufenthalten unbedingt Wasservorrat und Trinknapf ins Gepäck. Der Hund darf nicht einfach ein- und aussteigen, wie er will. Erst auf ein bestimmtes Hörzeichen wie zum Beispiel »Hopp«. Vor dem Aussteigen sollte er immer angeleint werden. Nach dem Aussteigen muss er sich erst setzen und warten, bis Herrchen oder Frauchen das Zeichen »Weiter geht's« gibt.

GEHT'S ENDLICH LOS?

ZU DRITT IN DEN URLAUB

Fahrt im Taxi

In einigen Städten gibt es spezielle Tier-Taxis, aber auch in vielen normalen Taxis sind Hunde gern gesehene Fahrgäste. Wer ein Taxi bestellt, fragt einfach gezielt nach einem Wagen mit Hundeerlaubnis. Auch spontan sind viele Fahrer bereit, einen Vierbeiner mitzunehmen. Damit die Fahrt im Taxi eine saubere Sache bleibt, sollte man eine kleine Decke oder ein Handtuch dabeihaben, um die Sitze zu schützen.

Hund in Bus & Bahn

Die Fahrerlaubnis für Hunde in öffentlichen Verkehrsmitteln gilt bundesweit. In einigen Städten fahren Hunde in Bussen und Bahnen kostenlos, in anderen zahlen sie den halben, manchmal auch den vollen Fahrpreis. Bei der Deutschen Bahn AG gilt folgende Regelung: Kleine Hunde, die in eine Transporttasche passen, reisen umsonst, für größere Hunde muss eine Kinderfahrkarte gelöst werden. Erfreulicherweise gelten auch hier Tarif-Ermäßigungen wie der Super-Spar-Preis. Allerdings transportiert die Bahn bestimmte Hunderassen nicht mehr (detaillierte Infos: Service-Telefon der Deutschen Bahn AG 01805-99 66 33, € 0,12/Min.). Vor Antritt der Fahrt muss der Hund ausreichend Gelegenheit bekommen, sein Geschäft zu erledigen. Selbstverständlich werden Hunde in öffentlichen Verkehrsmitteln und auf Bahnhöfen an der Leine geführt. Wichtig ist, dass sich kein Fahrgast belästigt oder gestört fühlt.

URLAUB MIT HUND

Falls die Reise nicht gerade auf die andere Seite der Weltkugel oder in ein Land mit strikten Quarantänebestimmungen geht, spricht nichts gegen Ferien mit dem Vierbeiner. Um dem Hund das Eingewöhnen in die fremde Umgebung zu erleichtern, gehören wenigstens seine Decke, sein Fress- und Trinknapf und das gewohnte Futter, sofern es am Urlaubsort nicht zu kaufen ist, ins Reisegepäck. Wichtig zu wissen: Bei Reisen ins Ausland gelten unterschiedliche Einreisebestimmungen für Hunde. Gefordert werden je nach Land bestimmte Impfungen und Atteste. Auskünfte über den aktuellen Stand erteilen hier die Botschaften und Konsulate der entsprechenden Länder, aber auch Tierärzte. Um pünktlich alle Unterlagen zusammenzuhaben, sollte man sich frühzeitig darum bemühen. Spezielle Empfehlungen und Angebote für einen »hundefreundlichen« Urlaub bekommen Hundehalter in Reisebüros. Tipps rund um Ferien mit dem Hund gibt außerdem der Ratgeber »Tier & Urlaub«, der kostenlos beim Deutschen Tierschutzbund e.V., Baumschulallee 15, 53115 Bonn angefordert werden kann. Die »Plus-Mitgliedschaft«, die vom ADAC für € 33,20 pro Jahr angeboten wird, garantiert, dass bei einem Unfall auch der Vierbeiner sicher nach Hause zurücktransportiert wird.

AUS DER STADT IN DIE NATUR: OUTDOOR-TOUREN MIT DEM HUND

Für Städter mit Hund genau das Richtige: Outdoor-Urlaub. Ganz gleich, ob Bergsteigen, Wandern oder mit dem Fahrrad über Stock und Stein – das Erlebnis Natur tut beiden gut, Mensch und Vierbeiner. Zum Wohle des Tieres empfiehlt es sich, für die Aktiv-Tour Reiseziele mit gemäßigtem Klima zu wählen. Wer auf Nummer sicher gehen will, kann Reiseroute, Campingplätze und Unterkünfte frühzeitig nach »Hundefreundlichkeit« auswählen und Übernachtungen im Voraus buchen. Im Reisebüro ist man gern dabei behilflich. Hier gibt es sogar Extra-Angebote von Veranstaltern, die sich auf »Mensch-mit-Hund-Touren« spezialisiert haben.

Ist geplant, auf der gemeinsamen Reise ungewohnten körperlichen Aktivitäten nachzugehen, empfiehlt es sich, vorbereitend einige Wochen zu trainieren und sich in »erster Hilfe« für Mensch und Hund schlau zu machen. So können Zwei- und Vierbeiner fit und unbesorgt in ihr Abenteuer starten. Schon gewusst? In speziellen Packtaschen kann hund auf Trecking-Touren seine Ausrüstung und das Futter selbst tragen.

Weitere Informationen und praktische Tipps für den Outdoor-Urlaub mit dem Hund gibt es im Reisebüro und im Internet, zum Beispiel bei Flughund Reisen, Gutenbergstr. 1, 70771 L.-Echterdingen, Tel. 0711-794 44 55, Fax 0711-794 44 56, www.urlaub-mit-dem-hund.de.

UNTERWEGS IN HAMBURG

Öffentliche Verkehrsmittel

HVV infoline
Tel. 194 49, www.hvv.com.
Per S- und U-Bahn oder Schiff sind Hunde in Hamburg auch ohne Auto mobil. Sie dürfen mit ihren Besitzern kostenlos in allen öffentlichen Verkehrsmitteln mitfahren. In allen U- und S-Bahnen gelten die Hamburger Hundeverordnung sowie Leinenpflicht während der gesamten Fahrt. Über das Internet können Sie alle Fahrtrouten abfragen. Die Infoline ist täglich von 7 bis 20 Uhr besetzt.

Hund im Taxi
Sie können Ihren Hund selbstverständlich in »normalen« Taxen mitnehmen. Da einige Taxifahrer aber Hunde nur ungern in ihre Fahrzeuge lassen, sollte man über die Taxizentralen einen Wagen bestellen und den Hund erwähnen.
- ***Taxi Hamburg,*** *Tel. 66 66 66*
- ***Hansa Taxi,*** *Tel. 211 211 u. 311 311*
- ***Taxiruf,*** *Tel. 44 10 11*

Sicherheitstraining

Hundeschule am Wulmsberg
Wulmsberg 33, 21149 Hamburg, Tel. 79 68 85 42 u. 0174-654 71 11, Hundeschule.BerndGrabau@t-online.de, www.hundeschule-am-wulmsberg.de, Bernd Grabau.
Ob Jogger, Skater, Pferd, ob Radfahrer oder dicker Brummi – der Hund lernt, sich durch andere Verkehrsteilnehmer nicht aus der Ruhe bringen zu lassen.Trainiert wird gemeinsam mit dem Besitzer an Ort und Stelle – ganz nach Wunsch. Auch eine fünftägige Welpenfrüherziehung bietet Herr Grabau an: Er schickt Hunde allein oder in Kleingruppen auf die »Schulbank«, wo sie spielerisch nach der Methode des Klickertrainings lernen.
Ein Kurs zum verkehrssicheren Begleithund dauert 14 Tage und kostet ca. € 256, der Gruppenunterricht € 28 pro Stunde.

Hundeschule Schaack
Tel. 75 06 10 90, Jürgen Schaack.
In der Stadt ist es unerlässlich, dass ein Hund sich sicher im Straßenverkehr bewegt – zum Schutz seiner eigenen Gesundheit und der der anderen Verkehrsteilnehmer. Herr Schaack, ehemals bei der Hamburger Diensthundestaffel der Polizei beschäftigt, kennt sich bestens mit Hunden aller Arten und an allen Orten aus. Er bietet Gruppen- und Einzelarbeit an und geht beim Training auch auf individuelle Wünsche ein. Ab € 10,20 pro Übungseinheit.

Hundeschule Struppi & Co
Saselbergweg 32, 22395 Hamburg, Tel. 60 84 97 91, Dr. Barbara Schöning.
Dr. Schöning bietet eine Ausbildung des Hundes zur Alltagstauglichkeit, insbesondere zum richtigen Verhalten im Straßenverkehr

an. Am Ende kann Hund eine Prüfung ablegen. Die (Verkehrs-) Erziehung findet – gemeinsam mit dem Herrchen – in Kleingruppen oder im Einzeltraining statt, Letzteres auf Wunsch bei Ihnen daheim und in Ihrer Umgebung. Auch Hunde mit Behinderungen werden ausgebildet. Die Schulung dauert dann entsprechend länger. Für Verhaltenstherapie beim Hund ist Frau Dr. Schöning ebenfalls Spezialistin. Zehn Stunden in der Gruppe kosten € 205,50, eine Einzelstunde € 61,40.

Hundetrainingszentrum am Sachsenwald
Börnser Str. 39, 21039 Börnsen, Tel. u. Fax 72 97 79 44, Michael Kern.
siehe S. 39

Reisen mit Hund

Allgemeiner Deutscher Automobilclub (ADAC)
Amsinckstr. 39, 20097 Hamburg, Tel. 239 19 19, www.adac.de.
Bevor Sie mit Ihrem Hund mit dem Auto in die Ferien starten, sollten Sie unbedingt einmal beim ADAC vorbeischauen. Dort berät man Sie nicht nur ausführlich, wie Ihr vierpfotiger Reisebegleiter sicher und bequem im Auto mitfährt, sondern informiert Sie zusätzlich detailliert über die Einreisebestimmungen für Hunde in andere Länder.
Diese Regelungen sind darüber hinaus in verschiedenen Broschüren nachzulesen, die der ADAC kostenlos für seine Mitglieder bereithält.

MIT FAHRRAD UND VIERBEINER UNTERWEGS

BESTE FREUNDE – IMMER FÜREINANDER DA

GUT VERSORGT

Ganz gleich, ob es darum geht, den Hund täglich für ein paar Stunden oder während eines Urlaubs gut versorgt zu wissen: Eine Lösung gibt es immer. Meist lassen sich in der Familie oder im Bekanntenkreis begeisterte Sitter finden, die den Hund kennen und mögen, manchmal lässt es sich jedoch nicht vermeiden, auf professionelle Betreuung zurückzugreifen.

Betreuung im Alltag

Berufstätige, die ihren Hund nicht mit zur Arbeit nehmen können oder hin und wieder Außentermine haben, müssen deswegen nicht auf einen vierbeinigen Hausgenossen verzichten. Sie müssen sich nur darum kümmern, dass das Tier während ihrer Abwesenheit gut versorgt ist. Länger als vier bis fünf Stunden sollte ein Hund nicht allein zu Hause sein.

In unvorhersehbaren Fällen lässt sich fast immer spontan jemand finden, der bereit ist, den Hund mittags kurz um den Block zu führen. Auf Dauer ist es aber besser, den Hund einer Person oder einer Einrichtung anzuvertrauen,

HUND UND SITTER AUF BESCHNUPPER-KURS

Um den Hund an eine neue Bezugsperson zu gewöhnen, ist es sinnvoll, etwas zu dritt zu unternehmen: Herrchen, Hund und Sitter machen zunächst ein oder zwei gemeinsame Spaziergänge und verbringen am besten etwas Zeit in der Wohnung des Sitters. Dabei sollte dem Hund keine überdurchschnittliche Aufmerksamkeit gewidmet werden. Man verhält sich so, als sei nichts Besonderes im Gange. Und auch später heißt es »cool bleiben«! Der Hund wird einfach abgeliefert, ohne großen Abschied. Beim Wiedersehen sollten überschwängliche Begrüßungsrituale vermieden werden. Je selbstverständlicher mit der Situation umgegangen wird, desto normaler wird sie auch für den Hund.

die mehr erledigt als nur das »bloße Geschäft«. Zu finden sind solche Hundesitter und -pensionen über Annoncen in der Zeitung, über Aushänge im Supermarkt oder beim Tierarzt, vor allem aber über Empfehlungen. Denn nirgendwo erfährt man so zuverlässig aus erster Hand, was in der Hundeszene los ist und angeboten wird, wie in Gesprächen mit anderen Hundehaltern. Vielleicht wissen aber auch der Tierarzt oder seine Helferin, der Tierschutzverein oder der ortsansässige Hundeklub einen geeigneten Sitter. Fragen kostet nichts. Die Kosten für die Betreuung sind unterschiedlich. In einer Pension werden meist rund € 10,20-15,30 pro Tag angesetzt. Als regelmäßiger Gast kann man allerdings auf einen »Mengenrabatt« hoffen. Privat ist die Bezahlung reine Verhandlungssache.

Betreuung im Urlaub

Meist nehmen Hundehalter ihren Hund ohnehin mit in die Ferien, manchmal allerdings lässt sich eine gewünschte Reise mit Hund nicht verwirklichen oder es steht einem einfach mal der Sinn nach ein paar hundefreien Tagen. Grundsätzlich können einige Betreuungsangebote für den Alltag dann ebenfalls genutzt werden. Darüber hinaus gibt es aber noch weitere Lösungen, die für den Alltag nicht praktikabel sind, wohl aber für die Ferienzeit. So sind selbst Freunde und Verwandte, die für eine dauerhafte Betreuung keine Zeit haben, meist gern bereit, den Hund über einen abgesteckten Zeitraum zu versorgen. Auch die Lösung, das Tier in einer zuverlässigen Tierpension unterzubringen, liegt dann näher als im Alltag, da für den längeren Betreuungszeitraum auch Einrichtungen infrage kommen, die weiter vom Wohnort entfernt liegen. Viele Züchter bieten an, Tiere aus eigener Zucht später über die Urlaubszeit aufzunehmen. Wer seinen Hund beim Züchter gekauft hat, sollte also nachfragen.

Einen bundesweiten Service zum Thema »Tier & Urlaub« bietet auch der Deutsche Tierschutzbund e.V. Zum einen vermittelt er über die örtlichen Tierschutzvereine »Patenschaften«, zum anderen organisiert er mit Unterstützung eines großen Tiernahrungsherstellers die Aktion »Nimmst du mein Tier, nehm' ich dein Tier«. Hier übernehmen Tierhalter die Betreuung ihrer Tiere auf Gegenseitigkeit. Informationen dazu gibt es beim Deutschen Tierschutzbund e.V., Baumschulallee 15, 53115 Bonn, Tel. 0228-604 96 27 oder direkt beim örtlichen Tierheim.

PENSION ODER PRIVAT?

Welche Art der Betreuung für einen Hund geeignet ist, kann nur der Halter selbst entscheiden. Trotz aller Empfehlungen sollte er sich persönlich vor Ort, im Gespräch mit den Betreuern vergewissern, dass sein Tier individuell passend versorgt sein wird. Ein Hund, der innige Schmusestunden mit seinem Menschen mehr genießt als stundenlanges Herumtollen mit Artgenossen, ist in privaten Händen vielleicht besser untergebracht. Für temperamentvolle Naturburschen ist die Ideallösung dagegen eine Pension, in der die Hunde viel im Rudel draußen sind. Ein Vorteil professioneller Betreuung ist, dass diese meist auch kurzfristig in Anspruch genommen werden kann. Bei Privatpersonen ist davon nicht immer auszugehen. Grundsätzlich ist es für einen Hund besser, nicht mal hier, mal da, sondern in einem konstanten Umfeld von immer der gleichen Person betreut zu werden – mit der Gewissheit: »Das kenn ich schon, Herrchen kehrt wieder zurück, so wie sonst auch immer!«

SO GEHT'S GUT

- Der Hund sollte Gelegenheit bekommen, sich an seine neue Heimat auf Zeit zu gewöhnen. Am leichtesten geht das, wenn der Hund vor dem ersten längeren Aufenthalt bereits ein bis zwei Probe-Wochenenden dort verbracht hat.
- Frühzeitig anmelden und rechtzeitig erfragen, welche tierärztlichen Atteste verlangt werden. In der Regel reicht ein gültiger Impfpass. Falls der Impfschutz nicht komplett ist, müssen entsprechende Impfungen durch den Tierarzt beizeiten vorgenommen werden. Mindestens jedoch sechs Wochen vor Beginn des Aufenthalts, da es einige Zeit dauert, bis sich der Impfschutz voll ausbildet.
- Wird ein Hund privat betreut, sollten ihm einige vertraute Gegenstände mitgegeben werden. Die Lieblingsdecke, Spielzeug oder ein getragenes Kleidungsstück seines Menschen. Auch in der Tierpension sollte die eigene Decke dabei sein. Auf eigenes Spielzeug sollte lieber verzichtet werden, um Streitereien zu vermeiden.
- Damit es nicht aufgrund einer plötzlichen Futterumstellung zu Verdauungsstörungen kommt, sollte der Hund weiter sein gewohntes Futter bekommen. Am besten vorher absprechen, ob ein ausreichender Vorrat mitgebracht werden soll.
- Für Notfälle muss unbedingt eine Telefonnummer hinterlassen werden, unter der man im Urlaub erreichbar ist. Oder die Nummer eines autorisierten Ansprechpartners, der in Vertretung erreicht werden kann. Wichtig ist auch die Telefonnummer des Tierarztes, der den Hund normalerweise behandelt.
- Sollte ein Hund regelmäßig Medikamente benötigen, so ist der Betreuer davon schriftlich zu unterrichten. Genau aufschreiben, woran der Hund leidet, welche Medikamente wann und wie zu verabreichen sind, welche Anzeichen auf eine Verschlechterung des Gesundheitszustandes hindeuten und bei welchen Symptomen dringend der Tierarzt hinzugezogen werden muss. Nicht vergessen, einen ausreichenden Medikamentenvorrat mitzugeben.

Möglich ist es auch, zwei Fliegen mit einer Klappe zu schlagen: mittels Haushüter-Agenturen, die neben dem Hüten des Hauses bzw. der Wohnung den Hund versorgen. Man sollte aber vorher genau prüfen, ob hier wirklich auf die Bedürfnisse des Tieres eingegangen wird. Solch ein Full-Service inklusive Tierpflege, Blumen gießen und Postkasten leeren ist nicht ganz preiswert, die Kosten betragen ab € 40,90 pro Tag.

Die richtige Pension

Wer seinen Vierbeiner in einer Pension unterbringen möchte, sollte darauf achten, dass die Räumlichkeiten in Ordnung sind, der Sitter sympathisch ist, einen zuverlässigen und freundlichen Eindruck macht. Wichtig ist, dass man die Pension mit dem Gefühl verlässt, der vierbeinige Liebling sei dort bestens aufgehoben.
Die Boxen für die Hunde sollten hell, sauber, nicht zu klein und witterungsgeschützt sein. Ideal ist es, wenn die Hunde zu zweit oder zu mehreren untergebracht sind, im Bedarfsfall aber auch einzeln eingestellt werden können. Ein Muss in jeder guten Pension: eine Quarantäne-Box, in der ein plötzlich erkranktes Tier individuell gepflegt werden kann.
Viele Kothaufen in den Zwingern oder auf dem Gelände sind kein gutes Zeugnis. Auch wenn nicht jeder Haufen innerhalb der nächsten Minute weggeräumt werden kann, tagelang herumliegen darf er nicht. Insgesamt muss eine Pension zwar nicht klinisch rein, aber sauber und ordentlich sein. Gammelige Futternäpfe und verdreckte Schlafplätze sind hygienisch nicht vertretbar.
Die Hunde müssen ausreichend Auslauf bekommen. Ein paar Quadratmeter Freigehege zur freien Verfügung sind zwar wünschenswert, ersetzen aber nicht einen längeren Spaziergang oder ausgiebiges Herumtollen mit Artgenossen auf einer großen Wiese. Den Hunden sollte möglichst viel Kontakt zu anderen Vierbeinern ermöglicht werden. Ebenso ist die menschliche Nähe wichtig. Jeder Hund sollte täglich ca. 15 Minuten von einer Betreuungsperson ausgeführt, gestreichelt oder gepflegt werden. Auch eine Spielstunde mit Mensch und mehreren Hunden vermittelt dem Hund ein gutes Gefühl.
Wird neben dem obligatorischen Impfpass auch der Nachweis einer Haftpflichtversicherung verlangt, so zeugt das von Verantwortungsbewusstsein. Die meisten Profi-Betreuer schließen aber von sich aus eine Versicherung für die zu betreuenden Hunde ab.

GUT AUFGEHOBEN IN HAMBURG

Dogsitter & Vermittlungsstellen

Hamburger Tierschutzverein von 1841 e.V.
Süderstr. 399, 20537 Hamburg, Tel. 21 11 06-0, Fax 21 11 06-38, HTV1841@t-online.de, www.tierschutzverein-hamburg.de.
Über den Verein ist der Hotelführer (»Hier sind wir willkommen«, € 8,70) zu beziehen. Zudem gibt es Checklisten für die Urlaubsvorbereitung, und Hundepensionen werden empfohlen.

Tiersitter-Vermittlung,
Verbrüderungsring 43e, 21493 Schwarzenbek, Tel. 04151-32 31, Petra Jonas.
Planen Sie eine Fernreise? Müssen Sie ins Krankenhaus? Zum Glück gibt es Petra Jonas und ihre über 1.000 Namen umfassende Kartei: Namen und Adressen tierlieber Menschen, die bereit sind, sich stunden- bis wochenweise um einen Hund zu kümmern. Der Hundehalter füllt einen Fragebogen aus, dann werden alle Hebel in Bewegung gesetzt, um den passenden Betreuer zu finden. Hund und Pfleger beschnuppern sich – mit Gassigehen und Probeübernachtung – vorher. Für die Vermittlung werden um die € 5,10 zur Deckung der Unkosten verlangt. Der Dogsitter kostet maximal € 7,70 pro Tag.

Gassigeh-Service

Alex Dwinger
Winsener Str. 13, 24568 Oersdorf, Tel. 0172-884 88 54; Jenny Petersen, Tel. 0174-313 42 34.
Keine Zeit für ein ausgedehntes Gassigehen mit dem Vierbeiner? Getrost können Sie Ihren besten Freund den Dog-Walkern Frau Dwinger und Frau Petersen anvertrauen! Auf deren Programm stehen täglich hundegerechte Ausflüge in die Elbvororte oder an die Alster. Ihr Hund ist fit for fun? Dann ist der Erlebnisspaziergang bestimmt das Richtige für ihn! Der Preis für einen Spaziergang liegt bei ca. € 12,80, für den Erlebnis-Walk bei € 15,30.

Gisela Hitscher
Eichenallee 15, 21465 Reinbek bei Hamburg, Tel. u. Fax 71 09 84 39.
Seit neuestem müssen Hundehalter in Hamburgs Osten bei Wochenendtrips oder Überstunden kein schlechtes Gewissen mehr haben: Frau Hitscher geht mit Strolchi Gassi und hütet auch mal ein paar Tage Heim und Hund. Preise und weitere Infos auf Anfrage.

Hundepensionen

Hof Birkensee
24340 Gammelby, Tel. 04351-838 00, Uta Meuthien, Jessica Jelenski.
Das 6.000 qm große Grundstück mit See liegt idyllisch bei Eckernförde. Hier tobt Hund – je nach Temperament – allein oder mit

HERRCHEN UND FRAUCHEN FÜR EINE WOCHE

Spielgenossen herum. Zusätzlich sorgen lange Spaziergänge mit und ohne Fahrrad für ausreichend Bewegung. Die Unterbringung erfolgt in Einzelzwingern, entweder drinnen oder im Außenbereich des Geländes. Bei den beiden gelernten Tierarzthelferinnen ist Ihr Vierbeiner in den allerbesten Händen. Preise von € 10,70 bis 16,90 pro Tag.

Hunde & Katzenhotel FIRST CLASS am Kiekutsee
Zum Kiekutsee 10, 28816 Stuhr, Tel. 04206-97 37, Fax 97 21, Raymond Lütjohann.
Am Rande der Steller Heide war-

tet auf Ihren Hund ein Doppelzimmer mit beheiztem Fußboden, ein Menü nach Wahl und ein großer hundgerechter Spielplatz vor der Tür, der zum Toben einlädt – wirklich »first class«! Der Zimmerpartner Ihres Hundes wird sorgfältig ausgewählt, damit er in Größe, Temperament und Alter zu Ihrem Vierbeiner passt. Preise: € 8,20-11,20 pro Tag.

Hunde-und Katzenhotel Jens van Yperen
Petersilienweg 14, 24623 Brokenlande, Tel. 04327-655, Fax 12 57, www. hunde-hotel.de.
Hamburger Autofahrer kennen das große rote Sofa, auf dem Hund und Katze zufrieden an der A 7 Platz genommen haben – Werbung für das größte Hundehotel Norddeutschlands. Seit über 20 Jahren kümmert sich Herr van Yperen um die ihm anvertrauten Vierbeiner. Die Tiere werden einzeln gehalten, ein großer Freiauslauf steht ihnen zum Toben zur Verfügung. Preise € 10,70-13,80 pro Tag.

Hundepension & -schule Auhof
Auweg 2, 25355 Bevern, Tel. 04123-63 17, Fax 71 93, Familie Hachmann.
Bei den Hachmanns soll Ihr Hund sich im Urlaub tierisch wohl fühlen: Zusammen mit anderen Vierbeinern wird er in einem hellen und klimatisierten Hundehaus untergebracht, tollt mit ihnen im großzügig angelegten Freilauf. Für ausreichend Bewegung und eine liebevolle Betreuung ist bestens gesorgt. Preise: je nach Größe des Hundes und Aufwand € 8,40-11 pro Tag.

Hundeschule u. -pension Wehlandt
Oldershausener Hauptstr. 20, 21436 Marschacht/Oldershausen, Tel. 04133-22 01 86, Fax 22 01 87, info@hundeschule-wehlandt.de, www.hundeschule-wehlandt.de, Henry Wehlandt.
Ein Hundeleben kann ausgesprochen rosig sein: Die kleine Hundepension der Wehlandts ist hinsichtlich Ausstattung, Auslauf und Betreuung vorbildlich. Kosten: € 15,40 pro Hund u. Tag. Außerdem bietet das Ehepaar Wehlandt Teamurlaub für Zwei- und Vierbeiner an: Bei Hundesport oder -führerschein gibt's viel zu lernen und ebenso viel Spaß.

Tierhotel Heidehof
Haswerder Weg 118, 29640 Schneverdingen-Insel, Tel. 05193-30 80, Info@Tierhotel-Heidehof.de, www.Tierhotel-Heidehof.de, Ursula Ivert.
Wuff! Auf geht's zum Hundeurlaub in die Nordheide! Der vierbeinige Gast verbringt seine Zeit

im Einzelzwinger mit Fußbodenheizung, auch Spielen und Toben kommt auf insgesamt 16.000 qm nicht zu kurz: In acht Ausläufen kann sich Ihr Hund alleine, zu zweit oder im Rudel Bewegung verschaffen. Liebevoll und artgerecht! Tagespreis ca. € 12,80.

Tierhotel Nindorfer Hof
Bredenhoop 1, 24594 Nindorf, Tel. 04871-490 41 u. 0171-540 58 77, Fax 04871-49 04 12, www.tierhotel-nindorfer-hof.de, Achim Suhr. Einfach tierisch! Ihr Hund lebt hier in seinem eigenen möblierten Urlaubszimmer, kann auf der großen eingezäunten Spielwiese mit seinen neu gewonnenen Freunden herumtoben und macht Spaziergänge im hoteleigenen Park. Zusätzlich im Angebot: Abholservice und Hundetraining (auch in Hamburg). Preise ab € 7,70.

Tierpension Hundepfote
Rothenmühlen 5, 25551 Schlotfeld/Itzehoe, Tel. 04826-85 00 81, Oliver Otto. In dieser kleinen, familiären Pension ist Ihr Hund im Einzelzwinger untergebracht. Eine große Spielfläche und ausgedehnte Spaziergänge sorgen für genügend Auslauf. Kosten pro Tag: € 7,20-10,20.

Haushüter-Agenturen

Homesitter Agentur
Blankeneser Bahnhofstr. 16, 22587 Hamburg, Tel. 86 27 58, Fax 790 48 96, Hermann Voss. Wenn Ihr Hund sich in fremder Umgebung nicht wohl fühlt, kann er während Ihres Urlaubs auch zu Hause betreut werden – und Sie haben gleichzeitig einen Aufpasser für Ihr Heim. Ob Gassi gehen, bürsten oder streicheln, die Sitter übernehmen eine Rundumversorgung. Eine Woche Hund- und Hausbetreuung kostet je nach Aufwand ca. € 271. Vorheriges »Beschnuppern« von Hund und Hüter ist empfehlenswert!
Weitere Adresse:
- *Heimfelder Str. 91, 21075 Hamburg, Tel. 790 67 97, Fax 790 48 96.*

Weitere Homesitter Agenturen
Auch die folgenden Agenturen bieten Hundesitter und Aufpasser für Ihr Heim in einem:
- ***Haushüter-Agentur*** *Julius-Vosseler-Str. 15, 22527 Hamburg, Tel. 56 39 34, Fax 56 41 01, Barbara Suden.* Für eine Woche Hund- und Homesitting sollten Sie ca. € 306,80 veranschlagen.
- ***Homesitter Everding,*** *Handweg 51, 21077 Hamburg, Tel. 760 01 05 u. 760 36 60, Fax 760 32 70.* Eine Woche Home- und Dogsitting kostet ca. € 281.

WELLNESS

Keine Frage, jeder Hundehalter ist darauf bedacht, dass sich sein Vierbeiner wohl fühlt. Wesentliche Voraussetzung dafür ist, dass der Hund regelmäßig tierärztlich untersucht, vorbeugend behandelt und im Krankheitsfall medizinisch versorgt wird (siehe Kapitel Gesund & Munter). Darüber hinaus möchte man seinem Hund manchmal aber zusätzlich etwas besonders Gutes tun, ihn mal so richtig verwöhnen ...

Erlaubt ist, was gefällt ...

Jeder Hund hat individuelle Vorlieben. Manche Hunde genießen es zum Beispiel, im Hundesalon gepflegt zu werden. Andere dagegen finden das liebevolle Waschen, Schneiden und Fönen lästig und lassen es eher geduldig über sich ergehen. Im Folgenden werden verschiedene Möglichkeiten vorgestellt, was man für das Wohlbefinden seines Vierbeiners tun kann. Viele Anregungen finden sich auch in den Kapiteln »Frei & Zeit« und »Erziehung & Sport« auf den Seiten 10 bis 39. Aus all diesen Alternativen gilt es, für sich und seinen Hund das Passende auszuwählen. Manchmal lohnt es sich, ein unbekanntes Wellness-Angebot einfach einmal auszuprobieren. Nicht selten sind Hundehalter, die dem Wohlfühl-Erlebnis zunächst skeptisch gegenüberstanden, hinterher begeistert – und mit ihnen ihr Hund.

Feng-Shui

6.000 Jahre alt ist die chinesische Lehre vom Leben in Harmonie mit seiner Umgebung. Feng-Shui geht davon aus, dass u.a. die Platzierung der Möbel in der Wohnung nach den Prinzipien dieser Lehre Wohlbefinden und Gesundheit der Bewohner fördern. Auch, wenn Sie (noch) nicht auf der Trendwelle Feng-Shui mitreiten – was spricht dagegen, sich zum Wohle seines Hundes mit der Lage des Hundekörbchens oder mit der Wahl des Futterplatzes zu beschäftigen? Schließlich verbringen gerade Stadthunde relativ viel Zeit in ihren vier Wänden. Schaden kann es jedenfalls nicht. Nach der Feng-Shui-Lehre für Hunde sollte das Körbchen

- nicht in der Küche, im Bad oder in der Toilette stehen
- nicht so platziert werden, dass eine Zimmerecke oder Regalkante auf den Ruheplatz weist
- nicht in der Nähe elektronischer Geräte aufgestellt werden
- nicht vor dem Fernseher oder einem Spiegel stehen
- nicht mitten in einem langen, kahlen Flur stehen
- nicht unter einer Wendeltreppe platziert sein.

Wer mehr über Feng-Shui für Hunde wissen möchte, lässt sich am besten von einem Spezialisten beraten oder greift – falls keiner in der Nähe zu finden ist – auf Fachliteratur zurück (z.B. »Feng-Shui für Heimtiere« von Harald Knauss, Verlag G+U).

Tellington-Touch (Feldenkrais für Tiere)

Streicheleinheiten für die Seele! Linda Tellington-Jones hat Anfang der 70er-Jahre die Feldenkrais-Methode für den Menschen auf das Tier übertragen. Und zwar so, dass sie vom Tierhalter selbst angewendet werden kann. Ziel der Tellington-Touch-Methode ist es, das Tier zu entspannen, Wohlbefinden und Lernfähigkeit zu fördern und, falls nötig, Schmerzen zu lindern und Heilungsprozesse zu unterstützen. Auch Verhaltensstörungen werden mit dieser Methode behandelt. Im Zentrum stehen die Berührungen (T-Touches) und die Bodenarbeit, bei der die Hunde spezielle Übungen absolvieren. Ergänzend wird ein Körperband eingesetzt, eine elastische Binde, die um den ganzen Körper

JEDER TAG EIN WOHLFÜHL-TAG

Schon mit Kleinigkeiten lässt sich der Alltag Ihres Vierbeiners wohlig gestalten: etwa in Form von beheizbaren Hundekissen oder Wassermatratzen, auf denen der Vierbeiner entspannen kann. Massagebälle, -bürsten und -handschuhe, Duftlampen oder Kräutersträuße für das Schlafkörbchen und andere Wellness-Produkte sind in Zoofachhandel, Apotheken und Reformhäusern erhältlich. Vorsicht jedoch bei ätherischen Ölen: Hundenasen sind empfindlich, deshalb die hoch konzentrierten Substanzen nur verdünnt in geringen Mengen anwenden! Melisse, Baldrian und Sandelholz z.B. sollen entspannend, beruhigend und ausgleichend wirken.

DAS TUT GUT!

des Hundes gewickelt wird. Sie soll dem Hund mehr Gefühl für den eigenen Körper und darüber hinaus Sicherheit vermitteln. Im Rahmen der T-Touches wird der Körper des Hundes mit den Händen »ausgestrichen«, dann werden bestimmte Körperzonen, etwa an den Ohren und rund um den Fang, kreisförmig massiert. Diese Aktivierung der Nervenbahnen wirkt entspannend und beruhigend oder stimulierend.

Hunde-Salons

Es gibt immer noch Hundehalter, die die professionelle Pflege eines Hundes im Salon belächeln. Doch Vorurteile sind fehl am Platz, denn viele Hunde genießen es, liebevoll gewaschen und gebürstet zu werden. Sie lassen sich gerne verwöhnen, ähnlich wie Menschen beim Frisör- oder Kosmetiksalonbesuch.
Neben den Schönheitsbehandlungen stehen oft wohltuende Massagen und durchblutungsfördernde Behandlungen mit weichen Bürsten auf dem Programm.

Wohlbefinden durch Weight-Watchers

Verwöhnen ist gut, aber bitte nicht mit ungesunden Leckerbissen, die überflüssige Pfunde heraufbeschwören. Denn das Wohlbefinden eines Hundes leidet unter starkem Übergewicht. Der Bewegungsdrang des Vierbeiners nimmt ab, seine Gesundheit ist gefährdet, seine Lebenserwartung sinkt. Der Weg zum gesunden Gewicht gehört daher mit auf den Wellness-Plan. Mehr Bewegung und kalorienreduzierte Light-Futtermittel helfen, die überflüssigen Pfunde loszuwerden – sofern der Hundebesitzer das Programm konsequent durchhält. In »schwereren« Fällen kann eine Diät mit Produkten aus der Tierarztpraxis nützlich sein. Einige Praxen bieten sogar »Weight-Watchers«-Programme für Hunde an: Das »Abspecken« in der Gruppe motiviert und hilft, in schwachen Momenten durchzuhalten.

Wellness oder Medizin?

Viele Heilmethoden, die zur Behandlung von Krankheiten bei Hunden eingesetzt werden, können auch das Wohlbefinden von gesunden Hunden unterstützen. Nicht selten verschwimmen dabei die Grenzen zwischen Therapie und Wellness-Programm. Egal, zu welchem Zweck die Behandlungsmethoden angewandt werden – es empfiehlt sich, auf jeden Fall versierte Fachleute aufzusuchen: Tierarztpraxen und seriöse Tierheilpraktiker, wo Hundehaltern auch gezeigt wird, wie sie ihre Vierbeiner zu Hause verwöhnen können. Folgende Methoden bieten sich unter anderem an, gesunde Hunde zu entspannen, Stress abzubauen oder Muskeln zu lockern:

Massagen
Kneten, Walken und Klopfen bestimmter Muskelgruppen wirkt entspannend oder anregend. Verspannungen werden gelöst, die Durchblutung wird gefördert.

Bewegungstherapie
Gymnastik und Bewegungsprogramme wirken entspannend, anregend oder leistungsfördernd. Die Muskulatur wird gestärkt, der Stoffwechsel angeregt und die Sauerstoffversorgung unterstützt.

Akupunktur/Akupressur
Spezielle Punkte des Körpers werden per Nadelstich oder Fingerdruck stimuliert. Der Fluss der Energie im Körper wird positiv gelenkt, was anregend, entspannend, ausgleichend und stabilisierend wirken kann.

Homöopathie
Speziell aufbereitete Substanzen aus der Natur werden individuell für den einzelnen Hund ausgewählt und angewendet.

Bach-Blütentherapie
38 Blüten werden nach besonderen Vorschriften ausgesucht und verarbeitet. Passend ausgewählt, fördern sie die Gesundheit von Körper, Geist und Seele.

Phytotherapie
Heilpflanzen werden in Form von Tees, Säften oder pur eingesetzt, um auf bestimmte Vorgänge im Körper einzuwirken. Beruhigend wirken etwa Hopfen und Zitronenmelisse.

Farbtherapie
Gezielte Farben im Umfeld des Hundes sollen seinen Gemütszustand beeinflussen. Grün soll zum Beispiel beruhigend wirken, Gelb aufheiternd, Orange anregend.

Aromatherapie
Ätherische Öle aus Blüten, Blättern und Zweigen von Pflanzen werden zum Beispiel über Duftlampen verdampft.

Buch-Tipp: »Hunde auf natürliche Weise heilen« von Dr. med. vet. Claudia Möller, Falken-Verlag.

WOHLFÜHLEN IN HAMBURG

Feng-Shui

Birgit Siemssen
Sandweg 21, 21465 Wentorf, Tel. 729 70 25, www.raumundzeit.de.
Hunde haben ein feines Näschen für die gesamte Raumatmosphäre – und genau das hat Birgit Siemssen auch. Wenn Bello seine Hundedecke nicht mag und sich stattdessen immer auf die kalten Fliesen legt, erklärt Ihnen die Feng-Shui-Fachfrau, woran das liegen kann: »Hunde mit ihrem ausgeprägten Instinkt flüchten häufig vor bestimmten Strahlungen und deren Einflüssen.« Durch eine Feng-Shui-Beratung finden Sie für Ihren Vierbeiner den richtigen Patz für einen erholsamen Schlaf – damit er sich im Haus rundum pudelwohl fühlt. Kosten bitte telefonisch erfragen.

Tellington-Touch

Helga Pohl
Schenkendorfstr. 26, 22085 Hamburg, Tel. u. Fax 229 78 23.
Hundeelend geht es Ihrem Liebling? Die ausgebildete Feldenkrais-Lehrerin und Tellington-Touch-Practitioner Frau Pohl schafft Abhilfe: Nach der Feldenkrais-Anwendung (in Einzelarbeit), z.B. bei behinderten oder verhaltensauffälligen Hunden, sei eine Besserung der Leiden deutlich zu erkennen, so die Expertin. Auch gesunde Hunde genießen die Massagen, die die Beziehung zwischen Zwei- und Vierbeiner auf sanfte Art intensivieren. Im Angebot sind Einzelstunden und Eintageskurse für Hund und Halter sowie Demonstrationen der Tellington-Touches. Preise: € 36-102.

Verwöhn-Produkte

Konditorei Weber
Hellbrookstr. 61, 22305 Hamburg,Tel. 61 61 31, Rose-Marie Patzer-Weber.
Kaum ein Hundhalter kommt hier ohne Zwischenstopp vorbei, denn Konditormeisterin Patzer backt Leckereien für vierbeinige Naschmäuler! Wie wär's zu Rex' Geburtstag mit einer Hundetorte, zu Silvester mit einem leberwurstgefüllten Berliner und für den Fünfuhrtee mit einem schmackhaften Hundezwieback oder Leberwurstkeks aus Mürbeteig? Natürlich alles ohne Salz und Zucker – eben hundegerechtes Verwöhnen. P.S.: Auch für den Gaumen des Zweibeiners lohnt sich ein Besuch ...

Schecker – Das Tierparadies
Ostvictorburer Str. 109, 26642 Südbrookmerland, Tel. 01805-12 14 14, www.schecker.de.
Das Versandhaus führt u.a. jede Menge Produkte, die das Wohlbefinden steigern: z.B. heizbare Liegeplätze, Anti-Stress-Duftöle, Massageroller, Halti-Halfter und Sacco-Hundewagen.

RUNDUM GESUND UND VOLLER ENERGIE

GESUND & MUNTER

Stadthunden geht es meist sehr gut. Denn ihre Halter widmen ihnen viel Aufmerksamkeit. Diese enge Gemeinsamkeit garantiert, dass sofort bemerkt wird, wenn etwas nicht stimmt, der Magen rumort oder die Pfote verstaucht ist. Hinzu kommt, dass die meisten Hunde in der Stadt mit hochwertigem Fertigfutter ernährt werden. Ein Faktor, der wesentlich zur Gesundheit der Tiere beiträgt, da gutes Markenfutter optimal auf den Bedarf von Hunden abgestimmt ist.

Gesundheit

Ein gesunder Hund muss nicht oft zum Tierarzt. Immer nur dann, wenn es heißt, Krankheiten vorzubeugen, beispielsweise wenn die jährliche Impfung ansteht. Bei dieser Gelegenheit kann dann gleich ein allgemeiner Gesundheits-Check vorgenommen werden. Dabei wird unter anderem der Zustand des Gebisses kontrol-

(HUNDE-)KRANKHEITEN VERMEIDEN

In der Stadt, wo auf relativ engem Raum viele Hunde und Menschen zusammenleben, sind folgende tierärztliche Maßnahmen zu empfehlen:

- Impfungen gegen die fünf wichtigsten Infektionserkrankungen: Tollwut, Staupe, Hepatitis contagiosa canis (ansteckende Leberentzündung), Parvovirose (Virenerkrankung des Verdauungstraktes) und Leptospirose (Stuttgarter Hundeseuche). Der Impfschutz wird alle zwölf Monate aufgefrischt.
- Alle vier bis acht Monate Untersuchung einer Kotprobe. Bei einem Befall mit Würmern ist eine Entwurmung vorzunehmen. Die Häufigkeit dieser Maßnahme richtet sich nach den Lebensumständen des Tieres. Bei Hunden, die in einer Familie mit Kleinkindern leben, sind regelmäßige Wurmkuren besonders wichtig. Ein individueller Untersuchungsplan ist mit dem Tierarzt abzustimmen.
- Prophylaxe gegen Zecken und Flöhe, besonders im Frühjahr und Sommer. Beim Tierarzt sind zahlreiche verschiedene Mittel (Spritzen, Tabletten, Sprays und Tinkturen zum Auftragen) erhältlich, die einfach anzuwenden sind und einem Ungezieferbefall vorbeugen. Welches Mittel für den eigenen Hund das optimale ist, weiß der behandelnde Tierarzt.

liert. Denn ein frühzeitiges Erkennen und Entfernen von Zahnstein beugt schmerzhaften Zahnerkrankungen vor.
Zeigt der Hund Anzeichen einer Erkrankung, zum Beispiel starken Durchfall oder Lahmen über einen längeren Zeitraum, wird ein Tierarztbesuch unumgänglich. Hier gilt grundsätzlich: Besser einmal zu viel oder zu früh den Tierarzt um Rat gefragt als einmal zu wenig oder zu spät!

Kastration – ja oder nein?

Bei einer Kastration werden die Keimdrüsen entfernt, bei Hündinnen also die Eierstöcke, bei Rüden die Hoden. Im Rahmen einer Sterilisation werden dagegen lediglich die Eileiter beziehungsweise die Samenleiter durchtrennt. Beide Eingriffe führen zur Unfruchtbarkeit und schützen so vor unerwünschtem Nachwuchs.

Mit den Keimdrüsen wird hormonproduzierendes Gewebe entfernt. Kastrierte Tiere stehen somit nicht mehr unter dem Einfluss von Sexualhormonen. Bei männlichen Tieren ist eine Kastration nur dann sinnvoll, wenn sie ein extrem überzogenes Sexualverhalten zeigen.
Bei kastrierten Hündinnen bleibt die Läufigkeit aus, sie werden also nicht mehr »heiß«. Im Gegensatz dazu verbleiben bei einer Sterilisation die Keimdrüsen im Körper und produzieren weiterhin Sexualhormone. Sterilisierte Tiere sind somit zwar unfruchtbar, Zyklus und Verhalten bleiben jedoch unbeeinflusst. Hündinnen werden weiterhin läufig.
Die erste Läufigkeit tritt bei Hündinnen zwischen dem 6. und 12. Lebensmonat auf. Anschließend wiederholt sie sich zweimal jährlich, meist im Frühjahr und im Herbst, und dauert jeweils etwa drei Wochen. Die Hündinnen sind in dieser Zeit fruchtbar und deckbereit – und sie verströmen einen für männliche Hunde äußerst attraktiven Duft. Damit verdrehen läufige Hündinnen den Rüden der Nachbarschaft so den Kopf, dass diese nicht mehr gehorchen und sich gegen den Willen ihres Herrchens »selbstständig machen«. Das ist nicht nur sehr lästig und unangenehm, sondern kann auch gefährlich werden, da besonders in der Stadt liebestolle Rüden dem Risiko stark befahrener Straßen ausgesetzt sind.
Viele Hundehalter lassen daher ihre Hündinnen kastrieren. Und das nicht nur in der Stadt. Denn eine frühe Kastration verhindert nicht nur die Läufigkeit, sie ver-

FIT UND AKTIV – DANK AUSGEWOGENER ERNÄHRUNG

ringert auch das Risiko der Entstehung von Gesäugetumoren. Aber auch bei älteren Hündinnen empfiehlt sich eine Kastration. Und zwar nicht nur, um unerwünschten Nachwuchs zu verhindern, sondern auch im Sinne eines harmonischen und gefahrlosen Miteinanders in der Stadt. Eine Ausnahme bilden Hündinnen, die von ihrer Persönlichkeit her gleichzeitig unsicher und kämpferisch sind. Hier können sich Verhaltensprobleme durch eine Kastration verstärken.
Eine Kastration birgt kein sehr hohes Operationsrisiko. Mögliche Spätfolgen wie Inkontinenz können bei Hündinnen nicht ausgeschlossen werden, sind aber selten. Zur Unterdrückung der Läufigkeit stehen auch alternative Methoden, wie regelmäßige Hormonspritzen, zur Verfügung. Über Risiken sowie Vor- und Nachteile berät die behandelnde Tierarztpraxis.

Wohlbehalten durch den Winter

Winterliche Temperaturen lassen die meisten Hunde kalt. Solange sie in Bewegung sind. Gegen ausgiebige Spaziergänge ist also auch bei Schnee und Eis nichts einzuwenden. Lediglich lange Wartezeiten vor dem Supermarkt oder im Auto sind bei Minusgraden zu vermeiden. Gesunde Hunde brau-

WENN FRÜHLINGSGEFÜHLE ERWACHEN ...

Hündinnen werden läufig und Rüden stellen läufigen Hündinnen nach. Das hat die Natur so eingerichtet und daran lässt sich nichts ändern. Ebenso natürlich sollte auch ein gewisses Maß an gegenseitigem Verständnis, Toleranz und Rücksichtnahme bei den Hundehaltern sein. Keiner, der eine Hündin besitzt, lässt diese aus böser Absicht läufig werden. Entscheidet sich jemand, seine Hündin nicht kastrieren zu lassen, so wird er Gründe dafür haben. Sicherlich ist es lästig, wenn der eigene Rüde im Frühjahr Kopf steht, weil läufige Hündinnen unterwegs sind. Aber auch »heiße« Hündinnen müssen raus und brauchen ihren Auslauf. Wer eine läufige Hündin hat, sollte sich redlich bemühen, Rüden so weit wie möglich aus dem Weg zu gehen, und das Tier an der Leine, auf abgelegenen Wiesen und nicht gerade zu Stoßzeiten ausführen.

RIESENSPASS FÜR GESUNDE HUNDE: TOBEN IM SCHNEE

chen kein Mäntelchen zum Schutz vor Nässe und Kälte. Nur Hunde, die überdurchschnittlich kälteempfindlich sind, wie zum Beispiel alte und kranke Tiere, sollten bei sehr niedrigen Temperaturen mit einem Hundemantel geschützt werden. Auch bei manchen Rassen wie Whippet und Nackthund kann ein Wärmeschutz sinnvoll sein. In Zweifelsfällen bitte mit dem Tierarzt beraten. Der Mantel sollte dann nicht nur Lenden und Rücken, sondern auch den Bauch des Hundes bedecken.

Im Fell langhaariger Hunde können sich bei Schnee unter Umständen Eisklumpen bilden. Hunde in diesem Fall nicht alleine lassen, denn oft reißen sie sich die Klumpen samt Fell aus. Zunächst das Eis sorgfältig mit lauwarmem Wasser auftauen, anschließend den Hund gründlich bürsten. Um zu verhindern, dass zwischen den Ballen der Pfoten Eisklumpen entstehen, sollten die dort sitzenden Haare im Winter regelmäßig gekürzt werden.

Sinnvoll ist es außerdem, die Pfoten nach jedem Winterspaziergang mit etwas lauwarmem Wasser zu waschen und so Streusalz und Grit zu entfernen. Nach einem Spaziergang im Schnee oder Regen wird der Hund am besten sorgfältig mit einem Handtuch trocken gerubbelt. Die meisten Tiere genießen dieses Trockenrubbeln sehr, während sie einen warmen Föhn eher zum Davonlaufen finden.

Das richtige Futter

Eine wesentliche Basis für eine stabile Gesundheit ist eine ausgewogene Ernährung. Wichtig ist, dass ein Hund mit dem Futter alle Nährstoffe aufnimmt, die er braucht. Und zwar in optimaler Menge und Zusammenstellung. Ein Beispiel: Kalzium und Phosphor. Ein Überschuss ist hier ebenso schädlich wie ein Mangel. Aber nicht nur die Menge, auch das Verhältnis dieser beiden Nährstoffe zueinander muss passen. Eine Futterration derart ausgeklügelt zusammenzustellen, ist nicht einfach. Mit Dosenfutter namhafter Marken, wie zum Beispiel Pedigree, ist man immer auf der sicheren Seite. Es garantiert eine ausgewogene, bedarfsgerechte Versorgung. Möchte man seinem Hund Abwechslung bieten, empfiehlt es sich, Dosennahrung in Kombination mit Trockennahrung von der gleichen Marke zu füttern. Die Dosen- und Trockenprodukte, zum Beispiel von Pedigree, sind so aufeinander abgestimmt, dass der Hund in jeder individuellen Kombination optimal versorgt wird. Darüber hinaus sind die Zutaten so gewählt, dass die Gesundheit des Hundes nicht nur erhalten, sondern gezielt gefördert wird.

Möglich ist es natürlich auch, das Futter für den Hund selbst zuzubereiten. Hier heißt es aber: Vorsicht! Ehe man sich's versieht, enthält die Ration ein Zuviel oder Zuwenig an lebenswichtigen Nährstoffen, Vitaminen und Mineralien. Außerdem muss Folgendes beachtet werden:

Kein rohes Fleisch verfüttern, denn darüber können für den Hund lebensgefährliche Krankheitserreger übertragen werden.

Selbst zubereitetes Futter verdirbt leicht. Es muss daher täglich frisch gekocht werden.

Zu viel Fleisch ist ungesund. Die Mahlzeit eines Hundes muss neben tierischem Eiweiß unbedingt auch einen bestimmten Anteil an pflanzlicher Nahrung enthalten. Eine reine Fleischfütterung kann auf Dauer schwere Skeletterkrankungen zur Folge haben.

Beim Kochen der Zutaten gehen Vitamine verloren. Dieses Defizit muss der fertigen Mahlzeit in genau dosierter Menge wieder zugegeben werden.

Noch komplizierter wird es, wenn man mit selbst zubereitetem Futter auf individuelle Ansprüche seines Hundes eingehen möchte. Es ist nämlich durchaus sinnvoll, nicht nur Welpen und ältere Hunde, sondern auch ausgewachsene Tiere sowie Hunde mit Figurproblemen ganz gezielt ihren Bedürfnissen gemäß zu ernähren. Hochwertige Fertignahrung wie Pedigree geht auf diese Unterschiede ein und bietet eine Vielzahl an Produkten, deren Rezeptur genau auf die Größe des Hundes und die individuellen Anforderungen in unterschiedlichen Lebensabschnitten abgestimmt ist.

Infos zu Gesundheit und Ernährung gibt's bei den Experten der Pedigree-Hotline: Tel. 01805-33 45 45 (8-20 Uhr, gebührenpflichtig, € 0,12/Min., Stand 07/2001) oder unter www.mypetstop.com.

FÜTTERUNGSTIPPS

- Ein Hund sollte regelmäßig, zweimal am Tag, immer zur gleichen Uhrzeit gefüttert werden.
- Zu viel Abwechslung ist für Hunde ungesund. Plötzliche oder häufige Futterumstellungen können die Verdauung und damit die Nährstoffaufnahme stören. Ideal ist es, langfristig bei einer Futtermarke zu bleiben und Dosenprodukte mit Trockenprodukten der Marke zu kombinieren. In dieser Kombination lassen sich die Geschmacksrichtungen bedenkenlos variieren.
- Nach dem Fressen braucht ein Hund seine (Verdauungs-)Ruhe. Gefüttert wird daher immer erst nach und nicht unmittelbar vor einem Spaziergang.
- Das Futter darf nicht direkt aus dem Kühlschrank verfüttert werden, sondern sollte ungefähr Zimmertemperatur haben.
- Essensreste und Naschereien wie Kekse, Schokolade oder Kartoffelchips bekommen einem Hund nicht.
- Als besondere Belohnung kann ruhig mal ein Leckerbissen gegeben werden. Aber bitte in Maßen und nur solche, die für Hunde gesund sind, wie z.B. Schmackos, Markies oder Biscrok.
- Vorsicht vor überflüssigen Pfunden! Übergewicht beeinträchtigt nicht nur das Wohlbefinden des Hundes, es ist auf Dauer auch ungesund! Wird ein Hund dick, helfen nur zwei Dinge: mehr Bewegung und ein kalorienarmes Futter, wie zum Beispiel Pedigree Light. In besonders schweren Fällen ist eine Diät unter tierärztlicher Kontrolle zu empfehlen (siehe auch »Weight-Watchers« Seite 62).

GESUND IN HAMBURG

Hundegesundheit

Ernährungsberatung
Tel. 527 92 47, Frau K. Sauter.
Wahre Hundeliebe! Frau Sauter, die sich als Tier-und Humanheilpraktikerin weitergebildet hat, bietet eine kostenlose telefonische Ernährungsberatung für Hunde an. Wenn Ihr alter Schnuffi nicht mehr frisst, sich Bella immer der Magen umdreht oder Lassies Fell nicht mehr den richtigen Glanz hat – rufen Sie an.

FAT Deutsche Gesellschaft der Tierheilpraktiker
Husemannstr. 25-27, 45879 Gelsenkirchen, Tel. 0209-20 13 13, Fax 20 13 17, tierheilpraktiker@t-online.de, www.tierheilpraktiker-fat.de.
Die Berufsbezeichnung »Tierheilpraktiker« ist derzeit noch ungeschützt. Es kann sich also jeder Tierheilpraktiker nennen, sich als ein solcher niederlassen und im Branchenbuch verzeichnen lassen, auch wenn er keine Ausbildung absolviert hat. Dies ist allerdings die Ausnahme. Adressen von ausgebildeten Tierheilpraktikern sind unter o.g. Anschrift zu erfahren.

Pet Care (Elmshorn)
Tel. 04193-5073 u. 0172-453 50 73, Robert Norton.
Die Wochenendseminare von Pet Care informieren über Tellington-Touch (€ 115), Hundegesundheit und -verhalten. Auch im Programm: alternative Hundeausbildung sowie Welpenspieltage.

Tierärztekammer Hamburg,
Lagerstr. 36, 20357 Hamburg, Tel. 439 16 23, Fax 43 25 05 77, info@tieraerzte-hamburg.de, www.tieraerzte-hamburg.de. Tierärztlicher Notfalldienst, 24 Stunden, Tel. 43 43 79.
Einen niedergelassenen Tierarzt in Ihrer Nähe finden Sie über die »Gelben Seiten« oder im Internet. Fachtierärzte für bestimmte Bereiche, z.B. Chirurgen, geben ihren Titel dort meist mit an. Wer einen Spezialisten für ein enger gestecktes Fachgebiet sucht, z.B. für die Diagnose und Behandlung von Herzerkrankungen, kann bei der Tierärztekammer um eine Empfehlung bitten.

Zentralverband der Ärzte für Naturheilverfahren (ZÄN)
Am Promenadenplatz 1, 72250 Freudenstadt, Tel. 07441-918 58-0, Fax 918 58-22, mail@zaen.org, www.zaen.org.
Tierärzte können eine zusätzliche Ausbildung absolvieren, die ihnen erlaubt, die Zusatzbezeichnung »Biologische Tiermedizin« oder »Homöopathie« zu führen. Meist ist diese in den »Gelben Seiten« angegeben. Darüber hinaus kann beim ZÄN gegen € 2,60 in Briefmarken eine Liste mit Tierärzten, die sich auf Naturheilverfahren spezialisiert haben, angefordert werden.

KRÄFTE SAMMELN FÜR DIE NÄCHSTE TOBERUNDE

Erste-Hilfe-Kurse

Arbeiter-Samariter-Bund, Landesverband Schleswig-Holstein e.V.
Heidkrügerfeld 2, 23863 Kayhude, Tel. 607 00 68.
Damit Sie im Ernstfall Ihrem Hund schnell helfen können, sollten Sie einen Erste-Hilfe-Kurs für Hundehalter besuchen. Die Kursleiter gehen zunächst auf die Physiologie des Hundes ein und erklären Ihnen genau die Unterschiede und Gemeinsamkeiten des menschlichen und hündischen Organismus. Basierend auf diesem Wissen kann eine sinnvolle Erste-Hilfe-Leistung stattfinden. Ob Reanimation oder das Anlegen eines Druckverbands – hier werden Sie auf den Ernstfall vorbereitet. Der vierstündige Kurs kostet € 17,90.

Stephan Schubert
Goldenstedter Str. 3a, 27793 Wildeshausen, Tel. 04431-724 54 u. 0172-431 41 01, Fax 733 69, StephanSchubert@t-online.de, www. schubert-online.de.
Stephan Schubert bietet Erste-Hilfe-Kurse für Hundehalter in der ganzen Bundesrepublik an.

Mit geduldiger Unterstützung seiner beiden Vorführhunde zeigt er z.B. Wiederbelebungsmaßnahmen und demonstriert, wie Sie Ihrem Hund einen Verband anlegen können, oder, was bei Knochenbrüchen zu tun ist. Der Kompaktkurs dauert drei Stunden. Die Veranstaltungsorte und -termine erfahren Sie telefonisch bei Herrn Schubert unter o.g. Telefonnummer oder übers Internet. Die Kosten pro Kurs und Person liegen bei € 20,50.

Fachgeschäfte

Artgerechte Hundenahrung erhalten Sie natürlich in Tierfachgeschäften und in jedem Supermarkt. Doch auch nach den Ladenschlusszeiten muss Ihr Hund auf sein Leckerli nicht verzichten. Gut sortierte Tankstellen, die einen 24-Stunden-Service anbieten, führen auch Hundefutter in ihrem Sortiment.
Bei den folgenden Tierfachgeschäften im Raum Hamburg sind Sie in puncto Hundenahrung an der richtigen Adresse:

Das Futterhaus,
Tiersupermarkt Borsteler Chaussee 17-21, 22453 Hamburg, Tel. 51 49 18 11, Fax 51 49 18 13, Infoline 04121-43 97-0, www.futterhaus.de.
Im »Futterhaus« wird Ihnen ein umfangreiches Angebot an Tiernahrung und insbesondere Hundefutter präsentiert. Auch ökolo-

»WER SPIELT MIT MIR?«

gisches Futter gibt es hier. Daneben finden Sie Transportboxen für Hunde sowie ökologische Pflegeprodukte. Außerdem erhalten Sie auf Anfrage in allen Geschäften eine Adressenliste von Personen, die Ihren Hund gerne vorübergehend in Pflege nehmen. Weitere Filialen im Großraum Hamburg:

- *Von-Essen-Str. 76-86, 22081 Hamburg, Tel. 20 97 10 22, Fax 20 97 10 23.*
Mo-Fr 9.30-19, Sa 9-14 Uhr.
- *Rahlstedter Weg 73, 22147 Hamburg, Tel. 64 55 21 66, Fax 64 55 21 67, PetraSC@t-online.de.*
Mo-Fr 9-18.30, Sa 9-14 Uhr.
- *Cuxhavener Str. 142, 21149 Hamburg, Tel. 79 68 81 04, Fax 79 68 81*

05, R.Nowell@telda.net u. Woggie@t-online.de. Mo-Fr 9.30-19, Sa 9-16 Uhr.

▸ *Rissener Str. 125, 22880 Wedel, Tel. 04103-42 26, Fax 46 19.* Mo-Fr 9-19, Sa 9-16 Uhr.

▸ *Böttgerstr. 28, 22851 Norderstedt, Tel. 52 95 00 39, Fax 529 31 84.* Mo-Fr 9-19, Sa 8-14 Uhr.

▸ *Langenhorner Weg 205, 22844 Norderstedt, Tel. 52 11 07 14, Fax 52 11 07 15.* Mo-Fr 9-19, Sa 8-14 Uhr.

▸ *Trelder Weg 8, 21079 Hamburg, Tel. 76 41 10 85, Fax 76 41 10 86.* Mo-Fr 9-19, Sa 9-14 Uhr.

▸ *Curslacker Neuer Deich 44, 21029 Hamburg, Tel. 72 69 26 12, Fax 72 69 26 13.* Mo-Fr 9-19, Sa 9-16 Uhr.

▸ *Osdorfer Landstr. 188, 22549 Hamburg, Tel. 80 03 06 07, Fax 80 03 06 08.* Mo-Fr 9-19, Sa 9-14 Uhr.

▸ *Langenhorner Chaussee 660, 22419 Hamburg, Tel. 53 77 95 25, Fax 53 77 95 26.* Mo-Fr 9-19, Sa 9-14 Uhr.

▸ *Ahrensburger Str. 162, 22045 Hamburg, Tel. 66 97 93 04, Fax 66 97 93 07.* Mo-Fr 9.30-19, Sa 9-14 Uhr.

▸ *Stadtbahnstr. 2, 22393 Hamburg, Tel. 63 91 84 44, Fax 63 91 84 45.* Mo-Fr 9-19, Sa 8-14 Uhr.

▸ *Kieler Str. 185, 22525 Hamburg, Tel. 85 15 83 54, Fax 85 15 83 87.* Mo-Fr 9-20, Sa 9-16 Uhr.

▸ *Maurerstr. 42, 21244 Buchholz i.d. Nordheide, Tel. 04181-23 48 33, Fax 23 48 53.* Mo-Fr 9.30-19, Sa 9-14 Uhr.

▸ *Auf dem Ralande 8b, 21465 Wentorf, Tel. 72 97 75 78, Fax 72 97 75 79.* Mo-Fr 8.30-18, Sa 9.30-13.30 Uhr.

MITTAGESSEN IST FERTIG!

Fressnapf
Ruhrstr. 42-44, 22761 Hamburg, Tel. 85 08 08 18, www.fressnapf.de.
Soll es ein Kauknochen in Hähnchenschenkelform, ein Kau-Frisbee, Dog-Ice oder vielleicht ein Designer-Hundenapf sein? In den Tierfachgeschäften der Firma Fressnapf gibt es alles Sinnvolle und Originelle rund um das Tier. Von der Leine in den verschiedensten Ausführungen über einfallsreiches Hundespielzeug bis zur ökologischen Tiernahrung wird Ihnen in den großzügig angelegten Filialen ein umfangreiches Fachsortiment geboten. An der

Futterbar können Sie Leckereien individuell für Ihren Vierbeiner zusammenstellen. Geöffnet ist für Sie Mo-Fr 9-20 und Sa 9-16 Uhr. Weitere Filialen:

- *Saseler Chaussee 128, 22393 Hamburg, Tel. 60 01 00 03.* Mo-Fr 9-20, Sa 9-16 Uhr.
- *Bramfelder Chaussee 215, 22177 Hamburg, Tel. 642 65 47.* Mo-Mi 9-18.30, Do u. Fr 9-20, Sa 9-16 Uhr.
- *Cuxhavener Str. 401-403, 22149 Hamburg, Tel. 70 38 22 15.* Mo-Fr 9-20, Sa 9-16 Uhr.
- *Großmoorbogen 13A, 21079 Hamburg, Tel. 77 11 00 30.* Mo-Fr 9-20, Sa 8.30-16 Uhr.
- *Kornkamp 46F, 22926 Ahrensburg, Tel. 04102-47 17 00.* Mo-Mi 9-18.30, Do u. Fr 9-19, Sa 8.30-14 Uhr.

Futternapf
Alsterdorfer Str. 285, 22297 Hamburg, Tel. 511 41 50, www.futternapf.de.
Das Tolle an diesem Laden ist der Hunde-Imbiss. Egal, ob mit Frischfleisch oder mit Fertigfutter, hier wird für Ihren hungrigen Vierbeiner eine leckere Mahlzeit individuell zubereitet. Natürlich können Sie Hundefutter auch in jeder gewünschten Menge mit zu sich nach Hause nehmen. Eine reichhaltige Auswahl an

Hundezubehör wird Ihnen im Geschäft ebenfalls geboten. Geöffnet: Mo-Fr 9-19, Sa 9-14 Uhr.

Hulsebosch & Lau
Kieler Str. 141, 25474 Bönningstedt, Tel. 556 62 41.
In dem Fachmarkt für Gartenbedarf ist auch für Tiere ein Plätzchen reserviert. Ob Sie Futter und Leckerlis suchen, Leinen, Bürsten oder anregendes Spielzeug für Ihren tobehungrigen Freund – hier finden Sie es sicher. Außerdem: ein schönes Sortiment an größeren Utensilien wie Hundekörbe und sogar Hundehütten. Öffnungszeiten: Mo-Fr 8-18.30, Sa 8-16 Uhr.

Pet Max, *Meessen 3, 22113 Oststeinbek, Tel. 71 40 03 66.*
Hier stehen Ihnen wahre Hundeexperten mit Rat und Tat freundlich zur Seite und bieten alles, was das Hundeherz begehrt: vom Futter bis zum Halsband. Öffnungszeiten: Mo-Mi 9-19, Do-Fr 9-19.30, Sa 9-14 Uhr.

Zoo Friedrich, *Lindhofstr. 12, 23795 Bad Segeberg, Tel. 04551-87 97 70.*
Auch Zoo Friedrich führt alles, was Hunde sich wünschen, von der Grundausstattung bis zum netten Accessoire. Hundekuchen sind ebenso vorrätig wie Hundekissen in den verschiedensten Variationen. Ein besonderes Mitbringsel für Hundefans sind die originellen Namenschilder, z.B. in Knochenform, mit Gravur. Öffnungszeiten: Mo-Fr 9-18.30, Sa 9-14 Uhr.

EIN SICHERES UND SORGLOSES LEBEN MIT HUND

RECHTE & PFLICHTEN

Die Haltung eines Hundes in der Stadt bringt auch Pflichten mit sich. Gegenüber dem Tier und gegenüber den Mitmenschen, mit denen man gern in harmonischer Gemeinschaft leben möchte.

Die »hundefreundliche« Wohngegend

Wohne ich für die Haltung eines Hundes optimal? Eine Frage, die sich global nicht beantworten lässt. Sicherlich aber gibt es Kriterien, die ohne Zweifel als »hundefreundlich« gewertet werden können. So zum Beispiel

- tolerante, tierliebe Nachbarschaft
- großes Angebot an Freizeitaktivitäten mit dem Hund (Kontakt zu Artgenossen, Erziehung, Sport)
- nahe gelegenes oder gut zu erreichendes Auslaufgebiet ohne Leinenzwang
- verkehrsberuhigte Zonen, entfernt von stark befahrenen Straßen
- nahe gelegene gute Tierpension
- gute tierärztliche Versorgung.

Keine Frage, dies sind Idealbedingungen und sicher keine verbindlichen Voraussetzungen. Ist beispielsweise ein Hundehalter bereit, sich mit seinem Vierbeiner

ins Auto zu setzen und zehn Minuten zur nächsten Grünanlage ohne Leinenzwang zu fahren, steht dem Glück mit Hund auch bei noch so zentraler Wohnlage nichts im Wege. Und auch die Entfernungen zum Hundesportplatz oder zur Tierpension sind in der Stadt selten länger als 30 Minuten. Nur wer keinerlei Möglichkeiten sieht, für einen Hund verantwortungsvoll zu sorgen und ihm ausreichend Auslauf zu ermöglichen, der sollte die Haltung eines Hundes ernsthaft überdenken. Ansonsten aber gibt es für die meisten Städter, deren sehnlichster Wunsch ein Hund ist und die sich die nötige Zeit nehmen können, Mittel und Wege, glücklich mit einem Hund zu leben und dem Tier ein artgerechtes Leben zu bieten.

Die »hundegerechte« Wohnfläche

Die Größe einer Wohnung ist nicht unbedingt ausschlaggebend, denn ein noch so großes Haus mit Garten kann regelmäßige Spaziergänge und ein Miteinander mit Artgenossen nicht ersetzen. Dagegen können selbst größere Hunde, die häufig und ausgiebig ausgeführt werden, auch in kleineren Stadtwohnungen gehalten werden. Wichtig ist, dass der Hund einen festen Schlafplatz und einen festen Fressplatz hat. Ansonsten ist es dem Halter überlassen, welche Zonen in der Wohnung für den Hund erlaubt oder tabu sind. Ein Hund lernt leicht, dass er, sofern sein Herrchen das will, im Schlaf- und Badezimmer nichts zu suchen hat – indem er ruhig, aber konsequent stetig daran erinnert wird. Solche Grenzen sind für das Miteinander von Hund und Mensch übrigens sehr nützlich – sie klären, wer Rudelführer ist und das Sagen hat. Trotzdem sollte es dem Hund möglich und erlaubt sein, verschiedene Plätze in der Wohnung frei zu wählen, sich zum Beispiel aus dem Körbchen auf den Teppich oder unter den Tisch legen zu dürfen.

Schöner wohnen – mit Hund

Ein Hund soll Freude machen, keinen Ärger. Vor Anschaffung eines Hundes sollte daher die offizielle Erlaubnis vom Vermieter eingeholt werden, einen Hund in der Wohnung halten zu dürfen. In vielen Mietverträgen finden sich Klauseln zur Tierhaltung. Da gibt es grundsätzliche Verbote, eingeschränkte Genehmigungen und Regelungen, nach denen die Zustimmung des Vermieters erforderlich ist.
Die Rechtsprechung in Streitfällen ist uneinheitlich. Hundehalter sind daher mit einer ausdrücklichen Regelung im Mietvertrag gut beraten. Ideal ist eine Zusatzver-

einbarung zum eigentlichen Mietvertrag. Diese gibt auch dem Vermieter ein gutes Gefühl, da sie die Pflichten des Hundehalters im Sinne des Hausfriedens regelt, wie zum Beispiel das Anleinen des Hundes im Hausflur und die Beseitigung von Hundekot auf dem Gehsteig. Bringt man als Mieter eine solche Vereinbarung bereits vorbereitet zur Besprechung mit, demonstriert das guten Willen, Verantwortungs- und Pflichtbewusstsein. Meist steht einer Einwilligung des Vermieters dann nichts mehr im Wege.

Ist die Mietwohnung Teil einer Eigentumswohnanlage, liegt die Entscheidung oft nicht allein beim Vermieter. Häufig ist in Gemeinschaftsordnung und Hausordnung weitgehend festgelegt, ob und in welcher Art Tierhaltung zulässig ist. Der Vermieter ist als Eigentümer an diese Regelung gebunden und muss auch seinen Mieter im Mietvertrag entsprechend verpflichten.

BIN ICH IM (MIET-)RECHT?

- Enthält ein Mietvertrag keine Beschränkungen der Tierhaltung, so ist nach überwiegender Rechtsprechung trotzdem die Genehmigung des Vermieters zur Hundehaltung erforderlich.
- Weiß der Vermieter von der Hundehaltung und duldet er sie über einen längeren Zeitraum kommentarlos, kann man davon ausgehen, dass er damit einverstanden ist. In diesem Fall darf der Vermieter nicht plötzlich ohne triftigen Grund die Abschaffung des Tieres fordern.
- Ist laut Mietvertrag die Zustimmung des Vermieters nötig, liegt diese – einigen Gerichtsurteilen zufolge – im freien Ermessen des Vermieters. So kann er zum Beispiel einem Mieter die Hundehaltung gestatten, einem anderen aber nicht – vorausgesetzt, er kann sachliche Gründe dafür nennen.
- Fazit: Auf der sicheren Seite ist der Hundehalter nur, wenn er sich auf eine ausdrückliche Zustimmung des Vermieters berufen kann. Fehlt diese im Mietvertrag, sollte man sich vor der Anschaffung eines Hundes unbedingt eine gesonderte schriftliche Zustimmung geben lassen!

Gleiches gilt natürlich auch, wenn man selbst Besitzer einer Eigentumswohnung ist. Hundeliebhaber sollten sich deshalb vor dem Kauf einer Wohnung beim Verwalter genau darüber informieren, wie die Tierhaltung in der Wohnanlage geregelt ist. Nach dem Kauf ist man an diese Regelung nämlich automatisch gebunden. Nachträgliche Änderungen sind schwer, da entsprechende Entscheidungen oft von allen Eigentümern einstimmig beschlossen werden müssen.

Vom Umgang mit den lieben Nachbarn

Die Nachbarn zum Freund des Hundes zu machen, das ist das Ziel. Der Weg dorthin ist Freundlichkeit und vorbildliches Verhalten des Hundehalters. Der sollte seinen Hund in der Nachbarschaft am besten kurz vorstellen. Eine freundliche Plauderei, in der die persönliche Geschichte des Tieres erzählt wird – wie es heißt, welche liebenswerten Macken es hat und was es als Letztes Drolliges angestellt hat –, schafft Sympathien und eine gute Atmosphäre. Fühlt sich ein Nachbar durch den Hund gestört oder hat er sogar Angst vor ihm, ist darauf unbedingt Rücksicht zu nehmen. Wer sein Tier gut erzieht, seine Hinterlassenschaften entsorgt und verständnisvoll verspricht, dass er den Hund im Haus immer an der Leine halten wird – und dies dann auch tut –, gibt keinerlei Anlass für Ärger. Im Gegenteil, eine repräsentative Umfrage des Mafo-Instituts, Schwalbach, hat gezeigt, dass Menschen an der Seite eines Hundes sympathischer wirken. 83 Prozent der Befragten gaben an, dass ihnen Hundehalter angenehmer sind und mehr Vertrauen vermitteln als Menschen ohne Hund. Ein Sympathievorschuss, den es durch Rücksicht und vorbildliches Verhalten zu bestätigen oder sogar auszubauen gilt.

VIERBEINIGER NACHBAR

Hundesteuer/Hundehaltungsverordnung

Die Hundesteuer ist eine Steuer, die nicht vom Bund, sondern von den Städten und Gemeinden

TAPETENWECHSEL – UMZUG MIT DEM HUND

Hunde hängen an ihren Menschen, nicht an ihrer Umgebung. Ein Umzug mit Hund ist also ein Leichtes. Sofern folgende Punkte beachtet werden:

- Die Siebensachen des Hundes ziehen mit um. Körbchen, Decke, Spielzeug und Lieblingsteppich geben ihm in den neuen vier Wänden das Gefühl, zu Hause zu sein.
- In den ersten Tagen lässt man den Hund nicht oder nur kurz allein in der ungewohnten Umgebung. Hat er sich in der neuen Wohnung eingelebt und begriffen, dass Herrchen auch hier immer wieder zurückkehrt, bleibt er, wenn er es bereits gewohnt war, auch hier wieder gut für ein paar Stunden allein.
- Nicht nur die neue Bleibe, auch die sie umgebenden Straßen und Parkanlagen sind neu für den Hund. Verliert er die Orientierung, wird er noch einige Zeit versuchen, zu seinem alten Zuhause zu laufen. Daher ist für einige Wochen nach dem Umzug besondere Aufmerksamkeit angeraten. Zunächst sollte der Hund seine neue Umgebung an der Leine kennen lernen und besonders gut im Auge behalten werden. Bald schon wird er wissen, wo er hingehört.

erhoben wird. Die Höhe der Steuer ist von Stadt zu Stadt verschieden, in manchen Gemeinden gibt es überhaupt keine Hundesteuer. Ist sie offiziell erhoben, ist jeder Hundehalter verpflichtet, seinen Hund bei der Stadt anzumelden und einmal jährlich Hundesteuern für ihn zu zahlen. Daraufhin erhält man eine so genannte Steuermarke, die am Halsband des Hundes zu befestigen ist.
Darüber hinaus gibt es spezielle Verordnungen, in denen die Rechte und Pflichten rund um die Hundehaltung geregelt sind. Diese unterscheiden sich je nach Bundesland und Stadt. Nähere Informationen zu den Verordnungen in Ihrer Region finden Sie im Internet unter www.mypetstop.com und in diesem Buch ab Seite 87.

Leinen los!

Einen Hund im Stadtverkehr anzuleinen ist selbstverständlich. Im Wald müssen Hunde zwar im

HUNDE MÜSSEN REGELN LERNEN!

Einflussbereich des Besitzers bleiben, aber dabei nicht generell angeleint sein. Einen allgemeinen Leinenzwang gibt es nicht. Hunde dürfen, sofern sie zuverlässig auf Hörzeichen reagieren und sicher gehorchen, frei laufen. Für bestimmte Bereiche wie Parkanlagen, Erholungsgebiete oder Waldstücke kann von der Stadt oder Gemeinde allerdings ein Leinenzwang verordnet werden. Entsprechende Hinweisschilder machen im Zweifelsfall darauf aufmerksam. Ein genereller Leinenzwang würde gegen das Tierschutzgesetz §2, Ziffer 2 verstoßen. Hier steht, dass derjenige, der ein Tier betreut oder zu betreuen hat, die Möglichkeit des Tieres zu artgemäßer Bewegung nicht so einschränken darf, dass ihm Schmerzen oder vermeidbare Leiden oder Schäden zugefügt werden. Wobei der Begriff Leiden nicht allein im körperlichen, sondern auch im psychischen Sinne betrachtet werden muss. Einen Hund ausschließlich an der Leine zu führen, ist nicht artgerecht und auf Dauer Tierquälerei. Hunde in bestimmten Situationen vorübergehend anzuleinen, zum Beispiel in der Nähe von Kinderspielplätzen oder beim Spaziergang in Naturschutzgebieten, ist dagegen nicht nur vertretbar, sondern auch sinnvoll.

Wir müssen draußen bleiben! – Einkauf & Ausgehen mit Hund

Jeder Hund sollte es können, aber nicht unbedingt regelmäßig müssen: Einkaufen und Ausgehen in der Stadt. Sinnvoll ist es, einen Hund bereits im Welpenalter mit diesen Situationen zu konfrontieren. Auch später sollte er ab und zu in die Fußgängerzone oder in eine Kneipe mitgenommen werden. Nur zu Übungszwecken. So gewöhnt er sich an die Situation und ist nicht völlig überfordert, wenn er im »Ernstfall« doch mal mit ins Kaufhaus oder Restaurant muss. Ansonsten ist es besser, den Hund bei rein »menschlichen Vergnügen« wie Museum, Theater, Kino, Kneipe oder Einkaufsbummel zu Hause zu lassen. Oder – sofern die Außentemperaturen es zulassen – im Auto. Denn ein langer Samstag in der City bedeutet für Hunde ebenso viel Stress wie ein lautes, verräuchertes Restaurant. Ein generelles Mitnahmeverbot von Hunden in Gaststätten, Restaurants, Bars und Kneipen gibt es nicht. Der Inhaber kann frei entscheiden, ob Hunde willkommen sind oder nicht. Anders ist dies in Lebensmittelgeschäften. Hier müssen Hunde grundsätzlich draußen bleiben.

Nichts spricht aber dagegen, auf dem morgendlichen Spaziergang mit dem Hund kurz beim Bäcker reinzuschauen oder im Supermarkt einen Liter Milch zu holen. Die paar Minuten kann man den Vierbeiner bedenkenlos vor dem Geschäft warten lassen.

Tierhaftpflicht

Für jeden Hund, ganz gleich wie groß oder klein, sollte vom Halter eine Haftpflichtversicherung abgeschlossen werden. Denn ein Hundehalter haftet immer und in unbegrenzter Höhe für das Handeln seines Vierbeiners, auch wenn ihn eigentlich keine Schuld trifft. Also auch, wenn der Hund von einem Fremden provoziert wird und daraufhin dessen Hosenbein zerreißt. Man spricht daher von einer »Gefährdungshaftung«. Bei Katzen und kleinen Haustieren wie Kaninchen tritt im Schadensfall die Personenhaftpflichtversicherung des Tierhalters in Kraft. Bei Hunden ist dies nicht der Fall. Hier muss eine Hundehaftpflichtversicherung abgeschlossen werden. Die Versicherungsprämie für einen Hund beträgt rund € 76,70 im Jahr.

Krankenversicherung

Für Hunde werden private Krankenversicherungen angeboten, sofern die Tiere nicht älter als fünf oder sechs Jahre und gesund sind. Den meisten Versicherungen reicht die Aussage der Halter, dass ihr Hund gesund ist. Stellt sich im Nachhinein heraus, dass zum Zeitpunkt des Vertragsabschlusses entgegen den gemachten Angaben doch Krankheiten bestanden, wird der Versicherungsschutz ungültig. Sicherheitshalber sollte man sich daher, auch wenn dies von der Versicherung nicht explizit gefordert wird, den Gesundheitsstatus des Tieres vom behandelnden Tierarzt attestieren lassen. Die Jahresbeiträge richten sich nach den gewünschten Leistungen, die je nach Vertrag und Versicherung sehr unterschiedlich ausfallen. Prämien liegen zwischen € 128 und € 1.023 pro Jahr. Die Übernahme gängiger Kosten, zum Beispiel für Impfungen, Entwurmungen oder Anti-Floh-Medikamente, wird von den Versicherungen sehr unterschiedlich gehandhabt. Dringend verglichen werden sollte außerdem die Höhe der vertraglich eingeräumten Selbstbeteiligung. Stiftung Warentest ist zu dem Schluss gekommen, dass es sinnvoller sein kann, für anstehende Tierarztrechnungen regelmäßig Geld zurückzulegen als eine Krankenversicherung fürs Tier abzuschließen. Eine Operationskosten-Versicherung dagegen wird als sinnvoll angesehen. Informationen und Angebote gibt es unter anderem bei:

- Agila Haustier-Krankenversicherungs AG, Breite Str. 6-8, 30159 Hannover, Service-Tel. 0511-303 23 45, Fax 0511-303 22 34.
- Uelzener Versicherungen, Postfach 2163, 29511 Uelzen, Tel. 0581-807 00, Fax 0581-807 02 48.

MIT SICHERHEIT GUT DRAUF

- Delfin Allgemeine Versicherungs AG, Ludwig-Erhard-Allee 1, 53175 Bonn, Tel. 0180-223 47 47.

Lebensversicherung

Einige Versicherungen bieten auch Lebensversicherungen für Haustiere an. Die jährlichen Prämien belaufen sich auf etwa 10 Prozent des materiellen Wertes des Tieres. In Kraft tritt die Versicherung bei natürlichem Tod, Tod durch Krankheit oder Unfall sowie bei einer vom Tierarzt angeratenen Einschläferung. Ergänzend kann vereinbart werden, dass auch die »Unbrauchbarkeit« eines Tieres versichert wird. Sinn macht das alles nur, wenn der Nutz- oder materielle Wert enorm hoch ist, etwa bei besonders herausragenden Zuchthunden. Den ideellen Wert eines Hundes kann ohnehin kein Geld der Welt ersetzen.

Verloren, gesucht, gefunden!

Um Hunde eindeutig zu kennzeichnen, wurde ihnen bis vor wenigen Jahren eine Kombination aus Zahlen und Buchstaben ins Ohr tätowiert. Hierfür musste der Hund narkotisiert werden. Heute kann ein Tier ohne Narkose gekennzeichnet werden: per Mikrochip. Reiskornklein wird dieser auf der linken Halsseite unter die Haut gespritzt. Dort kapselt er sich gefahrlos ab und kann ein Leben lang von genormten Lesegeräten identifiziert werden – weltweit, da die meisten Tierheime und -ärzte über solch ein Lesegerät verfügen.

Kostenpunkt für das Kennzeichnen per Mikrochip: rund € 25,60-30,70, für eine Tätowierung inklusive Narkose rund € 40,90-51,10. Viele Hunde werden allerdings bereits als Welpe tätowiert oder gechipt, sodass sie bereits markiert in ihr neues Zuhause kommen. Dann muss der Hund nur noch bei einem zentralen Haustierregister angemeldet werden – Voraussetzung dafür, dass ein Hund anhand seiner Kennzeichnung identifiziert werden kann. Ist der Hund verloren gegangen, sollte man zunächst beim nächstgelegenen Tierheim nach dem »Ausreißer« fragen, erst danach Polizei, Tierarzt und Haustierregister informieren. Meist wird der vermisste Vierbeiner nach kurzer Zeit wohlbehalten zurückgemeldet.
Eine kostenlose Registrierung des Hundes ist möglich beim Zentralen Haustierregister des Deutschen Tierschutzbundes e.V., Baumschulallee 15, 53115 Bonn, Tel. 01805-23 14 14 und beim TASSO Haustierzentralregister, Frankfurter Str. 20, 65795 Hattersheim, Tel. 06190-40 88. Idealerweise sollte ein Hund bei beiden Adressen gemeldet sein.

REGIONALE PARAGRAFEN

Hundesteuer

Finanzamt *Gorch-Fock-Wall 11, 20355 Hamburg, Tel. 428 43-0, Fax 428 43-35 97, www.hamburg.de/Behoerden/FB/MerkblattHundesteuer.htm.*

Für das Halten von Hunden in der Freien und Hansestadt Hamburg wird eine Steuer nach den Vorschriften des Hundesteuergesetzes erhoben. Die Höhe der Hundesteuer beträgt für den ersten Hund im Regelfall jährlich € 92. Im Zuge der neuen Hundeverordnung beträgt die Steuer für das Halten eines »gefährlichen« Hundes € 614 pro Jahr.

Jeder Hund muss bei der Steuerbehörde innerhalb von zwei Wochen nach Erwerb oder Einfuhr angemeldet werden. Junghunde müssen vom Halter erst nach Ablauf des dritten Lebensmonats registriert werden lassen. Bei Anmeldung des Hundes wird ein Steuerzeichen ausgehändigt. Diese so genannte Hundemarke muss gut sichtbar am Halsband des Hundes befestigt werden. Gefährliche Hunde erhalten ein rotes Steuerzeichen. Ein Verstoß gegen das Hundesteuergesetz kann eine Geldbuße zur Folge haben.

Für einige Hunde, so z.B. für Führ-, Begleit- und Wachhunde für Schwerbeschädigte, Blinde oder Schwerhörige, wird auf Antrag Steuerbefreiung gewährt. Bezieht der Hundehalter Sozialhilfe, wird die Hundesteuer ebenfalls erlassen oder je nach Bezügen geringer berechnet. Dafür muss ein entsprechender Antrag beim Finanzamt gestellt werden. Nähere Infos erteilt das Finanzamt unter o.g. Telefonnummer.

Pflichten

Behörde für Arbeit, Gesundheit und Soziales, *Tel. 428 63-0, www.hamburg.de/bags.*

IMMER SAUBER BLEIBEN!

Die Hundeverordnung regelt das Halten von Hunden in der Freien und Hansestadt Hamburg. Danach müssen alle Hundehalter dafür sorgen, dass durch ihre(n) Hund(e) Menschen, Tiere oder Sachen in der Öffentlichkeit nicht gefährdet, verletzt oder beschädigt werden (siehe auch »Gefährliche Hunde«). Ein genereller Leinenzwang gilt z.B. für nicht zuverlässig gehorchende Hunde und läufige Hündinnen, für Hunde, die gewohnheitsmäßig Menschen oder Tiere verfolgen, anhaltend bellen oder sonst erheblich belästigen sowie für Hunde in Einkaufszentren, Fußgängerzonen, Haupteinkaufsbereichen und bei Großveranstaltungen. Außerdem besteht in Grün-und Erholungsanlagen sowie auf Waldflächen ein Leinenzwang. Die Länge der Leine darf zwei Meter nicht überschreiten. Kinderspielplätze und Friedhöfe sind auch für angeleinte Hunde tabu. Jeder Hund darf nur von einem Menschen, der körperlich und geistig in der Lage ist, den Hund sicher an der Leine zu halten, geführt werden. Ein Hundehalter darf seinen Hund nur solchen Personen überlassen, die gewährleisten, dass sie als Aufsichtsperson geeignet sind. Möglichkeit zu Auslauf und Sozialkontakt bieten die vorhandenen Hunde-Freilaufflächen. Alle außerhalb der Wohnung oder des Grundstückes frei laufenden Hunde müssen ein Halsband, auf dem Name und Anschrift des Halters deutlich sichtbar angebracht sind, tragen. Nach dem Hamburger Wegegesetz besteht darüber hinaus eine Verpflichtung zur Beseitigung von Hundekot auf öffentlichen Wegen – diesbezügliche Zuwiderhandlungen werden als Ordnungswidrigkeit eingestuft und werden mit einem Verwarngeld bzw. im Wiederholungsfall mit einem Bußgeld belegt. Übrigens: Ordnungswidrigkeiten gegen alle o.g. Punkte können mit einer Geldbuße geahndet werden.

»Gefährliche Hunde«

Die neue Hamburger Hundeverordnung unternimmt eine Dreiteilung bei der Klassifizierung von gefährlichen Hunden. Die Rassen Pitbull, American Staffordshire Terrier, Staffordshire Bullterrier sowie deren Kreuzungen gelten nun stets als gefährlich. Eine Erlaubnis zum Halten eines solchen Hundes muss beim zuständigen Wirtschafts-und Ordnungsamt gestellt werden. Es ist Pflicht, diese Genehmigung stets mitzuführen. Eine Gefährdung für Mensch, Tier oder Sachen durch diese Hunde muss auszuschließen sein, daher gilt: Lebenslang unterliegen die oben genannte Rassen beim Ausführen der Leinen- und Maulkorbpflicht. Mehrere gefährliche Hunde dürfen nicht gleichzeitig ausgeführt werden. Gefährliche Hunde sind zudem ausbruchsicher unterzubringen. Ein Warnschild (»Vorsicht, gefährlicher Hund!«) muss an Wohnung oder Grundstück installiert werden. Für die

ZEITUNG STATT MAULKORB

betroffenen Rassen gilt außerdem ein Verbot der Zucht und des Handels sowie ein Ausbildungsverbot zur Steigerung der Aggressivität und Gefährlichkeit. Bei Verstößen gegen den Leinen- und Maulkorbzwang wird die Hundehaltung untersagt und auch sonstige Verstöße gegen die Verordnung können mit einem Bußgeld bis zu € 51.130 geahndet werden. Hunde der Rassen Bullmastiff, Bullterrier, Dogo Argentino, Dogue de Bordeaux, Fila Brasileiro, Mastiff, Mastin Español, Mastino Napoletano, Kangal, Kaukasischer Owtscharka, Tosa Inu sowie deren Kreuzungen gelten so lange ebenfalls als gefährlich, bis dies widerlegt ist. Dazu braucht der Halter ein so genanntes Negativzeugnis, ein Gutachten, in dem ein Tierarzt oder anderer Sachverständiger die Ungefährlichkeit des Tieres bestätigt.

In die dritte Kategorie fallen Hunde aller Rassen, wenn sie ein der Situation nicht angemessenes oder ein ausgeprägtes Aggressionsverhalten gegen Menschen oder Tiere zeigen bzw. diese gefährden. Zu dieser Klasse gehören Hunde, »die durch Zucht, Haltung oder Ausbildung eine erhöhte Aggressivität entwickelt haben, Hunde, die sich gegenüber Mensch und Tier als bissig erwiesen oder Menschen in gefahrdrohender Weise angesprungen haben« und auch Hunde, »die zum Hetzen oder Reißen von

Wild oder Nutztier neigen«. Alle Hunde mit solchen Eigenschaften unterliegen den gleichen Beschränkungen wie Hunde der zuvor genannten Rassen.
Fragen zur Hundeverordnung beantwortet Ihnen die Behörde für Arbeit, Gesundheit und Soziales (siehe S. 87 oder www.hamburg.de/behoerden/bags/gesundheit, Link: Hundeverordnung). Hier erfahren Sie auch, an welche Sachverständigen Sie sich z.B. für den Sachkundenachweis wenden können.

Rat & Hilfe

Hanseatische Rechtsanwaltskammer
Bleichenbrücke 9, 20354 Hamburg, Tel. 35 74 41-0, Fax 35 74 41-4. Anwalt-Such-Dienst Tel. 34 53 98.
Über den Anwalt-Such-Dienst der Rechtsanwaltskammer können Sie Adressen von Rechtsanwälten erfragen, die sich auf Tierrecht spezialisiert haben.
Auch das Tierheim Süderstraße hilft Ihnen bei der Wahl eines Anwalts mit Spezialkenntnissen in Sachen Hund (siehe S. 101).

Landesverband Hamburgischer Mieterschutz e.V.
Ottenser Hauptstr. 63, 22765 Hamburg, Tel. 39 53 15, Fax 390 69 92, info@lhm.de, www.mieterschutz-hamburg.de.
Bei Problemen mit Ihrem Vermieter in Zusammenhang mit der Hundehaltung in der Mietwohnung erhalten Sie beim Landesverband für Mieterschutz Hilfe. In den Sprechstunden montags bis mittwochs zwischen 16 und 19 Uhr können Sie sich auch telefonisch informieren lassen.

Öffentliche Rechtsauskunfts- und Vergleichsstelle der Freien und Hansestadt Hamburg (ÖRA)
Holstenwall 6, 20355 Hamburg, Tel. 428 43-30 72 u. 428 43-30 71, Fax 428 43-36 58, www.hamburg.de/StadtPol/rechtsauskunft/welcome/html.
Einkommensschwache, die rechtliche Probleme im Zusammenhang mit dem Halten ihrer Hunde haben, können sich an die ÖRA wenden. Dort kennt man sich im Tierrecht aus und kann den Hundebesitzern kostengünstig Vorschläge zur Problemlösung machen.

DACKEL, DOGGE ODER DOBERMANN

Welcher Hund passt zu mir? Und in die Stadt? Gleich vorab: Es gibt ihn nicht, den ultimativen »Stadt-Hund«. Und es gibt auch keine Rasse, die global und garantiert für Familien mit Kindern, für Senioren oder für Singles geeignet ist.

Aber umgekehrt gilt das Gleiche – kaum eine Hunderasse kommt grundsätzlich nicht infrage. Welcher Hund letztlich »passt«, richtet sich nach vielen Faktoren: Wohnung, Wohnlage, Nachbarschaft, familiäre Situation, Freizeit, Hobbys, Alter und Temperament des Hundehalters und anderen individuellen Gegebenheiten. Wichtige Voraussetzung: Hund und Mensch sind sich sympathisch. Einen Hund ausschließlich nach »praktischen Gesichtspunkten« auszuwählen, macht keinen Sinn. Sträflich ist es allerdings auch, sich aus »Liebe auf den ersten Blick« für einen Hund zu entscheiden, obwohl die Umstände seiner Rasse nicht gerecht werden können.

GUTMÜTIGER RIESE: BERNER SENNENHUND

Die richtige Kombination

Bei der Frage nach der richtigen »Paarung« sind zwei Blickwinkel entscheidend: der des Hundes und der des Halters. Welche Voraussetzungen und Ansprüche bringen beide Seiten mit? Eine bewegungsfreudige Rasse wie ein Husky ist sicherlich nicht für einen Sportmuffel geeignet. Aber auch die Kombination aus Mops und leidenschaftlichem Jogger ist nicht gerade viel versprechend. Und schließlich gibt es Rassen, zum Beispiel Jagdhunde, mit denen regelmäßig »gearbeitet« werden muss, was im Stadtleben allzu oft nicht möglich ist oder aber untergeht. Eine kritische Gegenüberstellung der Voraussetzungen, Ansprüche und Vorlieben beider Seiten ist daher die Basis bei der erfolgreichen Suche nach einem geeigneten Pendant.

Wichtige Kriterien

Hier einige Anhaltspunkte und Faustregeln, die werdenden Hundehaltern darüber hinaus bei der Suche und Wahl eines passenden Tieres helfen können:

- Temperamentvolle Hunde mit außergewöhnlich viel Bewegungsdrang, wie zum Beispiel Windhunde, Jagdhunde oder Schlittenhunde, erfordern unbedingt folgende Voraussetzungen: ausreichend Freizeit und die Bereitschaft des Halters, seinem Hund mehrere Stunden täglich Bewegung im Freien zu verschaffen, sowie die Nähe zum Grünen.
- Wer sich für eine Rasse ent-

ERSTE WAHL? MEHR INFOS!

Voraussetzung für eine »glückliche Paarung« ist, dass sich werdende Hundehalter im Vorfeld genau nach Wesen, Eigenschaften und Ansprüchen ihres Favoriten erkundigen. Hier sind neben Züchtern, Tierheim und Tierarzt auch erfahrene Hundehalter geeignete Ansprechpartner. Umfassende, kompetente Informationen über einzelne Rassen gibt die Interessengemeinschaft Deutscher Hundehalter e.V., Auguststr. 5, 22085 Hamburg, Tel. 040-45 47 61. Bei der Suche nach dem »richtigen« Züchter helfen der Verband für das Deutsche Hundewesen e.V. (VDH), Westfalendamm 174, 44141 Dortmund, Tel. 0231-56 50 00 und der Pedigree-Züchterservice, Tel. 01805-30 03 01 (€ 0,12/Min.) weiter.

WUSCHELIGER HAUSGENOSSE AUF VIER PFOTEN

scheidet, die eine besonders aufmerksame und konsequente Erziehung benötigt, wie zum Beispiel Border Terrier, Deutscher Schäferhund oder Rottweiler, muss bereit sein, sich im Vorfeld eingehend über den Umgang mit dieser Rasse zu informieren. Außerdem muss er mit der Erziehung, das ist mindestens ebenso wichtig, stets konstant am Ball bleiben.

- Der Bewegungsdrang und das Temperament großer Hunde sind nicht immer proportional zur Körpergröße ausgeprägt. Große Hunde sind daher nicht grundsätzlich ungeeignet für eine Stadtwohnung. Manche großen Rassen, wie zum Beispiel der Neufundländer, sind gemütlich und genügsam. Dennoch: Ein Hund dieser Größe braucht seinen Auslauf und in jedem Fall mehr Platz als ein Yorkshire Terrier.
- Wohnt man im vierten Stock ohne Aufzug, sollte man keinen Hund mit langem Rücken und kurzen Beinen wie zum Beispiel einen Basset oder Dackel halten. Denn häufiges Treppensteigen kann bei diesen Hunden zu schmerzhaften Wirbelsäulenerkrankungen führen, oft sogar zu einer Lähmung, der so genannten Dackel-Lähme. Im Sinne des

HUNDE FÜR DIE STADT

Hier ein paar Beispiele für Hunderassen, die unter verschiedenen Voraussetzungen für die Haltung in der Stadt geeignet sind. Darüber hinaus kommen noch zahlreiche andere Rassen und Mischlinge infrage, die keine überdurchschnittlichen Ansprüche an Bewegung, Wohnraum, Haltung und Erziehung haben.
Australian Terrier, Basset, Beagle, Bearded Collie, Bedlington Terrier, Cairn Terrier, Spaniel, Cardian Welsh Corgi, Chow-Chow, Cocker Spaniel, Englische Bulldogge, Eurasier, Havaneser, Kromfohrländer, Lakeland Terrier, Pudel, Schnauzer, Sheltie, Shiba Inu, Soft-Coated Wheaten Terrier, Welsh Terrier, West Highland White Terrier, Whippet.

Tierschutzes ist es in solch einem Fall also besser, eine hochbeinige Hunderasse zu wählen. Ausnahme: Der Hund wird die Treppen konsequent hochgetragen.

- Die Hundehaltung in der Stadt ist keine Frage des Geschlechts. Rüden sind grundsätzlich ebenso geeignet wie Hündinnen und umgekehrt. Weibliche Tiere werden zweimal im Jahr läufig, das heißt paarungsbereit. Ein Problem, das sich durch eine Kastration allerdings ohne Bedenken aus der Welt schaffen lässt (mehr zu Vor- und Nachteilen der Kastration im Kapitel »Gesund & Munter«). Aber auch wer einen Rüden hält, hat in dieser Zeit seine Sorgen und muss streng darauf achten, dass sein Tier nicht auf Brautschau geht und unerwünschten Nachwuchs zeugt.
- Sinnvoll ist es, bei der Wahl des Vierbeiners auch die Bedürfnisse des unmittelbaren nachbarschaftlichen Umfeldes zu berücksichtigen. In einer Straße, in der viele Kinder leben, fördert ein kinderfreundlicher Hund das Entgegenkommen und Verständnis der Nachbarschaft. Und im Interesse einer Hausgemeinschaft zum Beispiel sollte ein Mischling aus dem Tierheim, der laut Vorbesitzer ein »Kläffer« ist, wirklich nur dann ausgewählt werden, wenn er selten allein zu Hause bleiben muss.
- Nicht zuletzt sind noch zwei weitere Kriterien entscheidend: die bereits vorhandene Erfahrung in puncto Hundehaltung sowie die eigene Persönlichkeit. Ein »jungfräulicher« Hundehalter oder einer, der weiß, dass Konsequenz nicht gerade zu seinen Stärken

zählt, sollte keine Rasse wählen, die dazu neigt, die Rudelführung zu übernehmen. Rottweiler und Pyrenäen-Schäferhund sind zum Beispiel solche Vertreter, die ihrem Herrchen und Frauchen auf der Nase herumtanzen, sobald diese fünfe gerade sein lassen. In erfahrenen, konsequenten Händen sind diese beiden Rassen dagegen wache und verlässliche Begleiter.

Kind & Hund

Bei der Frage, ob ein Hund kinderfreundlich ist oder nicht, kommt es oft gar nicht so sehr auf die Rasse an. Entscheidend ist vielmehr, dass der Hund entsprechend »sozialisiert« wurde und bereits von Welpenpfoten an mit Kindern vertraut ist. Familien mit Kindern sollten daher einen bereits kindererfahrenen Hund suchen oder aber einen Welpen, der schon beim Züchter in der so genannten Prägungsphase von der 4. bis 7. Lebenswoche positiven Kontakt zu Kindern hatte. Unabhängig davon ist aber immer auch der individuelle Charakter eines Hundes zu berücksichtigen. Ein sensibles Tier, das bereits beim Züchter im Rahmen der Prägung überdurchschnittlich verstört auf Lärm, hektische Bewegungen und hohe Stimmen reagiert, ist für ein Umfeld mit Kindern nicht geschaffen. Man sollte hier wirklich auf Nummer sicher gehen. Egal, ob man sich für einen Welpen oder einen älteren Hund interessiert – vor dem Kauf sollte geklärt sein, inwieweit der Hund »kinderfest« ist. Sicher hat es Vorteile, einen Welpen zu suchen, der von

KINDERFREUNDE – VON WELPENPFOTEN AN

klein auf in das Familienleben reinwachsen kann. Zu bedenken ist allerdings, dass die Erziehung eines Welpen Zeit in Anspruch nimmt. Ein Kinder liebender, bereits stubenreiner und erzogener Senior hat also auch seine Vorteile. Ob als Welpe oder Oldie, ganz gleich, wo ein Hund herkommt und wie gut er sozialisiert ist – lebt er in einer Familie mit Kindern, muss er von Anfang an konsequent in seine Grenzen verwiesen und auf der niedrigsten Position im (Familien-) Rudel gehalten werden. Dies ist keineswegs eine Qual für den Hund – im Gegenteil: In der Gewissheit, dass er rangniedrig ist und sich um nichts sorgen muss, fühlt er sich geborgen und verlässt sich friedlich auf die Rudelführung, seine Familie.

Senioren & Hund

So wie Hund nicht gleich Hund ist, ist Senior auch nicht gleich Senior. Der eine liebt stramme Spaziergänge, der andere setzt sich nach 20 Minuten lieber genüsslich auf die Parkbank, um sich das bunte Treiben in Ruhe anzusehen. Der eine lebt im Wohnheim, mitten im Park, der andere muss mit dem Bus ein paar Stationen fahren, um ins Grüne zu kommen. So unterschiedlich die Senioren und ihre Voraussetzungen, so unterschiedlich auch die Hundetypen, die an ihrer Seite vorstellbar sind. In den meisten Fällen eignen sich kleine Hunde,

KINDERFREUNDLICHE HUNDE

Hier ein paar Beispiele für Hunderassen, die unter den oben genannten Voraussetzungen kinderfreundlich sind und auch mal einen Knuff mehr vertragen. Natürlich sind auch andere Rasse- und Mischlingshunde geeignet, die ein vergleichbares Gemüt und Wesen haben.
Airedale Terrier, Beagle, Bearded Collie, Berner Sennenhund, Bobtail, Cairn Terrier, Collie, Dalmatiner, Eurasier, Golden Retriever, Jack Russel Terrier, Labrador Retriever, Mittelschnauzer, Neufundländer, Pudel, Rauhaardackel, Sheltie, West Highland Terrier.

HUNDE FÜR SENIOREN

Hier ein paar Beispiele für Hunderassen, die unter den unten genannten Voraussetzungen für Senioren geeignet sind, so wie jeder andere kleinere Hund, der keinen überdurchschnittlichen Anspruch an seine Haltung stellt.
Mops, Dackel, Französische Bulldogge, Spitz, Zwergschnauzer, Pudel, Yorkshire Terrier, Pinscher, Tibet Terrier, West Highland White Terrier, Malteser, Pekinese, Lhasa Apso.

die ihr Frauchen oder Herrchen im Rahmen einer überschwänglichen Begrüßung nicht gleich umwerfen, die in Bus und Bahn bequem mitfahren können und für deren Ernährung das Hundefutter nicht gleich palettenweise die Treppen hochgeschafft werden muss. Ansonsten spricht bei rüstigen älteren Menschen aber auch nichts gegen einen mittelgroßen Hund. Wichtig ist vor allem, dass sich die beiden gut verstehen und der Hund den Bedürfnissen des älteren Menschen gerecht wird – und umgekehrt.

Wenn der Hund sein Herrchen »überlebt«

Besonders für alte Menschen kann das Zusammenleben mit einem Hund von großer Bedeutung sein. Viele Senioren haben allerdings die Sorge, der Hund könne sie überleben und sei dann herrenlos. Hier gibt es gleich zwei Lösungsmöglichkeiten. Die eine ist der »Freundeskreis betagter Tierhalter« des Bundesverbandes Tierschutz e.V., Walpurgisstr. 40, 47441 Moers, Tel. 02841-252 44. Dieser nimmt im Krankheits- oder Todesfall des Mitglieds dessen Hund vorübergehend auf und vermittelt ihn in gute Hände. Ein Mitgliedsbeitrag in beliebiger Höhe ist freigestellt. Einen ähnlichen Service in Form einer »Tiervorsorgevollmacht« bietet der Verein »Leben mit Tieren«, Teltowkanalstr. 1, 12247 Berlin, Tel. 030-76 94 10 92. Weitere Infos gibt es bei »Tiere helfen Menschen«, Münchener Str. 14, 97204 Höchberg, Tel. 0931-488 55.

HUND GESUCHT!

Hundezüchter

Verband für das Deutsche Hundewesen (VDH), Landesverband Nord
Inspektor-Weimar-Weg 10, 24239 Achterwehr, Tel. 04340-40 26 62, Fax 40 26 63, Christoph Stadelbauer.
Der VDH hilft Ihnen gern bei der Suche nach Züchtern aller Hunderassen in der Nähe Ihres Wohnortes. Außerdem erfahren Sie Adressen von Hundeklubs und Termine von Hundeausstellungen.

Beagle-Club Deutschland e.V.
Urdenbacher Dorfstr. 9, 40593 Düsseldorf, Tel. 0211-718 43 78 (bis 18 Uhr), u. 70 46 56 (ab 18 Uhr), www.beagleclub.de, Elke Budde-Eichhorn.
Sind Sie auf der Suche nach einem bunt gescheckten Welpen oder haben andere Fragen zum Thema Beagle? Der Beagle-Club steht Ihnen mit Rat und Tat zur Seite.

DA FÄLLT DIE WAHL SCHWER!

Hanseat Hamburg
Hochrain 7, 22113 Oststeinbek, Tel. 712 44 09, monikaboehnke@aol.com, www.psk-hanseat-hamburg.de, Monika Boehnke.
Bei Hanseat Hamburg, einer Ortsgruppe des Pinscher-Schnauzer-Klubs 1895 e.V., hilft Frau Boehnke gerne bezüglich Züchtern und Welpen rund um Hamburg weiter und informiert über Vereins-Aktivitäten, wie z.B. Ausflüge, Hundetraining und -erziehungskurse.

Klub für Terrier e.V.
Schöne Aussicht 9, 65451 Kelsterbach/Main, Tel. 06107-23 65, Fax 631 89.
Ob Airedale Terrier, Cairn Terrier, Bedlington Terrier oder Norwich Terrier – hier erfahren Sie, wer Welpen vermittelt und welcher Züchter in Ihrer Nähe sich von Welpen trennen möchte. Via Internet hilft die Ortsgruppe Hamburg-Altona-Harburg weiter: www.kft.org.

Auch bei folgenden Züchtern sind Sie gut beraten, wenn Sie sich einen Welpen anschaffen wollen:

- ***Sabine Kock,*** *Theodor-Heuss-Str. 5a, 21629 Neu Wulmstorf, Tel. 700 38 50.* Britische Hütehunde und Collies.
- ***Bianca Pohl,*** *Hauptstr. 38, 21371 Tosterglope, Tel. 05853-13 60.* Collies.
- ***Christel Killer,*** *Droper Str. 32, 49838 Gersten, Tel. 05963-482.* Border Collies.

- ***Gerd-Ulrich Müller,*** *Tel. 0451-49 26 55.* Boxer.
- ***Ralf Brinkmann,*** *Breite Str. 32, 27305 Süstedt, Tel. 04240-428.* Boxer.
- ***Hilary Vogel,*** *Holzkatenweg 1, 24232 Schoenkirchen. Tel. 04348-391.* Golden Retriever.
- ***Barbara Werkmeister,*** *Holderbusch 2, 23560 Lübeck, Tel. 0451-80 43 89.* Chow-Chows.
- ***Otto Falk,*** *Dorfstr. 18, 25569 Kremperheide, Tel., Fax 04821-841 11.* Klein- und Mittelspitze.
- ***Eva u. Karl-Joachim Struck,*** *Großmoor 1, 24241 Schmalstede, Tel. u. Fax 04322-78 83 u. Tel. 0170-588 03 12.* Parson Jack Russel Terrier.
- ***Dieter Heymann,*** *Neukoppel 14, 23795 Schackendorf, Tel. u. Fax 04551-35 58.* Spaniels.
- ***Waltraud und Bernd Marten,*** *Am Butterberg 9, 24241 Sören, Tel. u. Fax 04322-75 25 19, u. Tel. 0172-416 15 77.* Zwerg- und Riesenschnauzer.
- ***Günther Herzog,*** *An der Imbäke 9, 27798 Hude, Tel. 04408-14 42.* Cocker Spaniels, Petit Bassets.
- ***Rahel Schale,*** *Draackenstieg 4, 21706 Drochtersen, Tel. u. Fax 04775-81 81.* Leonberger.
- ***Kristina Diez-Meyer,*** *Promena-*

denweg 1, 24235 Wentorf, Tel. 04143-52 44. Dackel.

▸ ***Dietrich Hollmann,*** *Schillerstr. 6, 49453 Rehden, Tel. 05446-41 15, Fax 41 16.* Dackel.

▸ ***Dr. Gudrun Wallenburg,*** *Parkstr. 36, 23795 Bad Segeberg, Tel. 04551-30 47 60.* Border Terrier.

▸ ***Jürgen Puls,*** *Dorfstr. 30a, 23911 Kulpin, Tel. 04541-822 17.* Airedale Terrier.

▸ ***Barbara Bruns,*** *Elbuferstr. 12, 21423 Winsen, Tel. 04179-412, Fax 75 26 30.* Pons und Samojeden.

▸ ***Heidrun u. Rolf Spengler,*** *Amselweg 13, 21279 Wenzendorf, Tel. 04165-800 74, Fax 800 69.* Rhodesian Ridgeback.

Tiervermittlung

Hamburger Tierschutzverein von 1841 e.V.
Süderstr. 399, 20537 Hamburg, Tel. 21 11 06-0, Fax 21 11 06-38, HTV1841@t-online.de, tierschutzverein-hamburg.de.
Wollen Sie einem »Hund aus zweiter Hand« ein neues Zuhause geben? Ein einsamer Vierbeiner freut sich bestimmt darüber. Ungefähr 2.500 Hunde werden aus dem »Hundeauffanglager« des Hamburger Tierschutzvereins jährlich vermittelt. Wer gewillt ist, einen Hund aufzunehmen, erhält Rat, welcher Vierbeiner für ihn der passende ist. Es werden auch Probetage zum gegenseitigen Kennenlernen angeboten. Schutzgebühr für die Vermittlung: € 102-153.

Tier- und Naturschutz Hamburg-Rahlstedt e.V., gemeinnütziger Verein zur Förderung des Tierschutzes (TNV)
Eckerkoppel 8, 22159 Hamburg, Tel. u. Fax 645 41 21, info@tnv.pop. de, www.tnv-hamburg.de.
Innerhalb des TNV hat sich eine Interessengruppe für herrenlose Hunde gebildet. Vor der Abgabe des »verwaisten« Vierbeiners an seinen neuen Besitzer wird das zukünftige Zuhause genau begutachtet und erst dann ein Abgabevertrag abgeschlossen.

Tierrechtsorganisation Einhorn e.V.
Tannenallee 46, 21465 Reinbek, Tel. u. Fax 710 36 00 u. Tel. 0171-710 36 00.
Hier wird der potenzielle Hundehalter von einer Betreuungsperson sehr genau – mindestens 20 Stunden – unter die Lupe genommen, bevor ein passender Vierbeiner an ihn vermittelt wird. Die gründliche Prüfung hat sich bewährt: Die Rücklaufquote ist minimal!

HUNDEFREUNDLICHE ADRESSEN VOR ORT

Eines haben Stadthunde – und natürlich deren Besitzer – ihren Artgenossen vom Lande auf jeden Fall voraus: ein breites Angebot, wenn's um Serviceleistungen für Hund und Halter geht. Das macht das Leben in der Stadt für Tier und Mensch natürlich noch angenehmer ...

FÜR DAS WOHL DES STADTHUNDES IST GESORGT

ADRESSEN RUND UM DEN HUND

Hotels, Cafés und Restaurants

»Wir müssen draußen bleiben«, diesen Satz werden Sie nur in wenigen gastronomischen Einrichtungen Hamburgs zu hören bekommen. Wenn Ihr Hund sich entsprechend benimmt, ist er ein gern gesehener Gast. Im Kapitel »Hundevergnügen in Hamburg« (ab S. 21) werden bereits hundefreundliche Lokalitäten erwähnt.

Tourismus-Zentrale Hamburg
Tel. 30 05 13 00.
Ein Hotelverzeichnis aller Hamburger Hotels können Sie hier erhalten. Hotels, in denen Hunde willkommen sind, sind gesondert gekennzeichnet.

Besonders angenehm für Hunde, da einige der schönsten Spaziergänge direkt vor der Haustür beginnen, sind folgende Hotels:

Dorfhotel-Galerie (Volksdorf)
Groten Hoff 10, 22359 Hamburg, Tel. 603 81 86.
Hunde dürfen hier kostenlos mitgebracht werden. Da die Besitzerin selbst zwei Hunde hat, ist das Hotel mit Napf, Futter und einem Dogsitter bestens ausgestattet.

Garden Hotels Pöseldorf
Magdalenenstr. 60, 20148 Hamburg, Tel. 41 40 40.
Napf und Decke werden auf Wunsch gern zur Verfügung gestellt. Der Hundezuschlag beträgt € 5,10.

Hotel Engel am Niendorfer Gehege
Niendorfer Str. 55-59, 22529 Hamburg, Tel. 55 42 60.
Wenn Sie hier mit Hund übernachten, nehmen Sie sich Zeit für einen ausgedehnten Spaziergang mit Ihrem Vierbeiner im Niendorfer Gehege (siehe S. 22). Es lohnt sich! Für die Übernachtung des Hundes zahlen Sie € 5,10.

Hotel Louis C. Jacob
Elbchaussee 401-403, 22609 Hamburg, Tel. 82 25 50.
Ihr Hund wird hier gut versorgt. Hundekorb, Fressnapf usw. hält man für vierbeinige Gäste parat. Allerdings müssen Sie für Ihren Liebling einen Aufpreis von € 10,20 einkalkulieren.

Hundestammtisch

Gasthof »Zur Hoffnung«
Kieler Str. 4, 25486 Alveslohe, Kontakt: Tel. 04193-50 72.
Jeden letzten Freitagabend des Monats können Sie im Gasthof »Zur Hoffnung« an einem Hundehalterstammtisch – selbstverständlich mit Ihrem Vierbeiner – teilnehmen. In gemütlichem Ambiente tauschen Sie dort mit anderen Teilnehmern Erfahrungen rund um den Hund und die Hundehaltung aus. Die Kosten betragen € 7,70 pro Abend.

Servicehunde

Blinden- und Sehbehindertenverein Hamburg
Holsteinischer Kamp 26, 22081 Hamburg, Tel. 209 40 40.
Der Hund als Freund und Helfer: Hier bekommen Sie Adressen von Vereinen und Züchtern, die sich mit dem Führhundewesen beschäftigen.

Deutsches Rotes Kreuz, Kreisverband Hamburg-Altona e.V.
Langbehnstr. 4, 22505 Hamburg, Tel. 89 08 11 10, Fax 899 38 09, drk-altona@t-online.de, www.drk-altona.de.
Die ehrenamtlichen Spürnasen der Rettungsstaffeln werden von Hilfsorganisationen ausgebildet und trainieren einmal pro Woche. Sie helfen beim Auffinden von vermissten Personen oder bei der Trümmersuche. Trainiert wird mit mittelgroßen Vierbeinern und ihren Haltern, die im Notfall sofort einsatzbereit sein müssen.

Tiersuche

Tierdetektei Körner
Postfach 570103, 22770 Hamburg, Tel. 0173-407 86 73, Dieter W. Körner.
Spürnase Körner findet Ihren Hund wieder! Mit seinen knapp 160 ehrenamtlichen Helfern ermittelt der Tierdetektiv bundes- und weltweit und deckt zusätzlich Verstöße gegen den Tierschutz auf. Der Sucheinsatz ist kostenlos.

Tierporträts

Foto Dobers
Kleine Johannisstr. 5, 20457 Hamburg, Tel. 32 45 17, Anja Burmeister.
Klick! Struppi in action. Klick! Struppi ganz verträumt. Anja Burmeister, selbst stolze Hundebesitzerin, fotografiert im Studio wie in freier Wildbahn oder auf dem heimischen Sofa. Preise ab € 128.

Foto-Studio, Rubbert electronic
Krieterstr. 18, 21109 Hamburg, Tel. 754 20 00.
Im Studio wird Ihr Liebling hier perfekt ins rechte Licht gerückt. Aufnahmen ab € 41.

Miriam v. Janko
Osdorfer Landstr. 233, 22549 Hamburg, Tel. 0177-668 43 33.
Die Künstlerin malt in der Tradition englischer Meister lebensechte Hundeporträts. Bevor sie den Hund in Öl verewigt, nimmt sie sich Zeit, um seinen Charakter kennen zu lernen. Die Preise für ein Porträt in Öl auf Leinwand liegen – je nach Größe und Zeitaufwand – zwischen € 767 und 2.557. Prima Geschenk: das Porträt des Vierbeiners auf einem Holztablett – mit € 92 auch erschwinglich!

Hunde-Outfit

Wau & Mau
Große Bleichen 36 (Hanse-Viertel), 20354 Hamburg, Tel. 34 30 99.

Die Lieblings-Shoppingadresse des hanseatischen Vierbeiners: Hier können Herrchen und Frauchen Körbe und Decken aller Größen im feinsten englischen Karo oder ausgefallene Geburtstagsgeschenke erstehen. Kompetente Beratung.

ACE Hundehalsbänder
Mittelweg 125a, 20148 Hamburg, Tel. u. Fax 040-45 82 83, budimir@lycosmail.com, www.hundehalsband-budimir.de, Rita Budimir.
Es glitzert, es blinkt an Halsbändern, Leinen und Maulkörben – Stickereien und Pailletten, wohin man schaut. Frau Budimirs exklusive Hundekollektionen reichen von sportlich-elegant bis superschrill! Sonderwünsche werden gerne berücksichtigt: Frauchen kann sich einen zum Halsband passenden Gürtel anfertigen lassen!

Altenheime

Hundehalter, die mit ihrem vierbeinigen Lebensgefährten in ein Seniorenheim ziehen wollen, finden in der Broschüre »Ein Plädoyer für die Tierhaltung in Alten- und Pflegeheimen« viele nützliche Informationen. Sie ist kostenlos beim »Forschungskreis Heimtiere in der Gesellschaft«, Postfach 130346, 20103 Hamburg, Tel. 41 70 61, Fax 44 08 94 zu beziehen. In vielen Seniorenheimen in Hamburg und Umgebung ist die Tierhaltung nach Absprache gestattet. Hier eine Auswahl:

- ***Collegium Augustinum Hamburg,*** *Neumühlen 37, 22763 Hamburg, Tel. 39 19 49.*
- ***Collegium Augustinum Aumühle,*** *Mühlenweg 1, 21521 Aumühle, Tel. 04104-69 10.*
- ***Kursana Residenz Hamburg,*** *Ernst-Mittelbach-Ring 47, 22455 Hamburg, Tel. 55 20 20.*
- ***Parkresidenz Alstertal, Karl-Lippert-Stieg 1,*** *22391 Hamburg, Tel. 60 60 80.*
- ***Wohnpark am Wiesenkamp,*** *Wiesenkamp 16, 22359 Hamburg, Tel. 64 41 60.*
- ***Senioren-Residenz Lüneburg,*** *Neue Sülze 25-26, 21335 Lüneburg, Tel. 04131-71 90.*

Abschied vom Hund

Haustierfriedhof Jenfeld,
Barsbütteler Str. 77-81, 22043 Hamburg, Tel. 200 89 59, Gebr. Terzenbach.
1997 eröffneten die Brüder Terzenbach ihren Haustierfriedhof. Sie kümmern sich einfühlsam um die Trauernden, bestatten den Freund auf Wunsch in einem geschmückten Sarg, halten am Grab wechselweise Reden, von denen mancher Pfarrer sich ein Scheibchen abschneiden könnte. Genaue Preise erhalten Sie auf Anfrage.

Kleintierfriedhof Nord
Wilstedter Weg 133, 22851 Norderstedt, Tel. 0171-643 20 26, Peter Neumann.
Am Rand des Tangstedter Forsts findet Ihr Hund seine letzte Ruhestätte. Herr Neumann bietet anonyme Beisetzungen und Einzelgrabbestattungen an. Eine große Auswahl an Grabsteinen und -umrandungen ist ebenfalls bei ihm erhältlich. Wenn Sie keine Zeit haben, das Grab zu pflegen, wird dies gegen Aufpreis übernommen. Die Beisetzung eines kleinen Hundes im Einzelgrab zuzüglich Pacht für drei Jahre wird mit € 353 berechnet.

WENN DER HUND STIRBT

Ein Hund ist ein guter Freund, enger Gefährte und Vertrauter. Um so bedrückender ist es, wenn das Tier schwer krank oder altersschwach wird oder gar verunglückt. Manchmal muss es dann, damit es nicht unnötig leidet, eingeschläfert werden. Kompetente Ansprechpartner sind hier der behandelnde Tierarzt und sein Praxisteam. Sie stehen ratlosen und trauernden Hundehaltern verständnisvoll zur Seite. Auch nach dem Tod des Tieres.
Ist ein Hund gestorben, muss sein toter Körper nach seuchenhygienischen Vorschriften vergraben oder verbrannt werden. Eine Möglichkeit ist, dass sich der Tierarzt des toten Tieres annimmt. Er sorgt dann dafür, dass der Leichnam des Hundes in eine Tierkörperbeseitigungsanstalt gebracht wird. Der Halter hat aber auch die Möglichkeit, selbst die Verantwortung dafür zu übernehmen, dass der verstorbene Hund nach gesetzlichen Vorschriften bestattet oder verbrannt wird. Wer ein eigenes Grundstück hat, kann sein Tier dort beerdigen. Vorausgesetzt, das Grundstück liegt nicht in einem Wasserschutzgebiet und das Grab befindet sich in einem ausreichenden Abstand zu öffentlichen Wegen und mindestens 50 cm unter der Erdoberfläche. In Parks, öffentlichen Grünanlagen oder im Wald dürfen Tiere nicht beerdigt werden. Wer in der Stadt wohnt und kein eigenes Grundstück besitzt, kann hier das Angebot von Tierfriedhöfen oder Tierkrematorien in Anspruch nehmen.

HILFE UND TROST BEIM TOD EINES TIERES

Kaum eine Situation geht einem Hundefreund so sehr an Herz und Nieren, wie der (bevorstehende) Tod seines Tieres. Antworten auf alle Fragen zum Thema Tod gibt der einfühlsame Ratgeber »Der Tod eines Tieres« der Waltham-Tierärzteberatung.
Besonders schwer tun sich Kinder mit dem Tod ihres Lieblings, vor allem dann, wenn sie zum ersten Mal mit dem Thema »Sterben« konfrontiert werden. Wenn ein Kind verzweifelt um seinen Hund trauert, steht die Familie der Situation oft hilf- und ratlos gegenüber. Toller Begleiter in der schwierigen Situation: das neue Bilderbuch »Baffy«, das sich mit einfachen, einfühlsamen Bildern und Texten des Themas annimmt. Am Beispiel vom kleinen Benny und seinem Hund Baffy erfahren Kinder, dass Trauer etwas Wichtiges und ganz Natürliches ist – und, dass man irgendwann auch wieder lachen kann. Eltern erhalten darüber hinaus Hinweise, wie sie ihrem Kind helfen können, den Verlust des vierbeinigen Freundes zu verarbeiten.

Das Kinderbuch »Baffy«, herausgegeben vom Forschungskreis Heimtiere in der Gesellschaft, und die Broschüre »Tod eines Tieres« können kostenlos angefordert werden bei der Pedigree-Hotline, Tel. 01805-33 45 45 (€ 0,12/Min., Stand 07/2001).

Partner HUND
PARTNER HUND NR. 9
Nr. 9/September 2001
www.partner-hund.de
DIE WOODHOUSE-METHODE
Erziehung aus dem Handgelenk
EXPERTENTIPPS
Das richtige Spielzeug für Ihren Hund
GESUNDHEIT
Mein Hund leckt sich wund
IM PORTRAIT
Der Landseer
REPORTAGE
Kindergarten eines Polizeihundes
Extra Jugend-magazin plus Poster!